U0173704

Jul.

仙鹤大叔 张文鹤 护肤指南

张文鹤 著

科学技术文献出版社
SCIENTIFIC AND TECHNICAL DOCUMENTATION PRESS
·北京·

图书在版编目 （CIP） 数据

张文鹤护肤指南 / 张文鹤著.—北京：科学技术文献出版社，2021.4
ISBN 978-7-5189-7712-3

Ⅰ.①张… Ⅱ.①张… Ⅲ.①皮肤—护理—指南 Ⅳ.①TS974.11-62

中国版本图书馆CIP数据核字（2021）第044606号

张文鹤护肤指南

策划编辑：王黛君		责任编辑：王黛君　宋嘉婧	
产品经理：张　政　王琪媛		特约编辑：夏　冰	

出　版　者	科学技术文献出版社	
地　　　址	北京市复兴路 15 号　邮编　100038	
编　务　部	（010）58882938，58882087（传真）	
发　行　部	（010）58882868，58882870（传真）	
邮　购　部	（010）58882873	
销　售　部	（010）82069336	
官 方 网 址	www.stdp.com.cn	
发　行　者	科学技术文献出版社发行　全国各地新华书店经销	
印　刷　者	天津旭丰源印刷有限公司	
版　　　次	2021年4月第1版　2021年4月第1次印刷	
开　　　本	880×1230　1/32	
字　　　数	146千	
印　　　张	8.25	
书　　　号	ISBN 978-7-5189-7712-3	
定　　　价	65.00元	

版权所有　　违法必究
购买本社图书，凡字迹不清、缺页、倒页、脱页者，本社销售部负责调换。

序 言

救死扶伤，一直是我最崇尚的，因此也是我投身医疗事业的初衷和始终。

几十年的从医道路，我一直在想怎样在前人的基础上继承、吸纳、充实、提高，以便更好地为患者服务。

十年前的一天，一位家住沈阳的亲戚来电话，说他七个月大的孙女生下来就患有小儿湿疹。在当地两大著名医院治了七个月，花了一两万元，不但没好，反而越来越重。患儿无法躺着，只好由三个人二十四小时轮流护理着，孩子、大人苦不堪言。无奈下给我来电，让我帮他在北京找一位小儿皮肤科专家，好前来就诊。我说不用找了，我就是。于是我问了病情，给了治疗建议，并叮嘱一周后来电告诉我病情变化。

一周后，亲戚来电告诉我说孩子的湿疹不流水了，孩子也不那么哭闹了。于是我又二次改了处方，两周后孩子的湿疹就痊愈了（总共花了不到三十元钱）。

这下麻烦了，和他孙女同时在住院的患儿家长纷纷来电求医。更触动我的是一位广西患儿家长，他竟千里迢迢抱着孩子来北京找我。广西往返北京，又住宿，又吃饭，花费可想而知。而往返颠簸，又要耗去多少时间和精力呀。当时我如果出了本书，那这些人不就省事多了吗？

我把这个想法和几位同行及我的老师讲了，他们很支持我。

于是我开始整理自己多年的医疗记录，向同行请教，向老师请教。我还在社会上搜集有关资料，经科学认证及严格考核后纳入有关治疗方案。对此，有的同行提出异议，认为早已成型的方子不能改。

对于这些善意的质疑，我一是感谢；二是科学地解释。我告诉他们：每一项增减、改动，都是经过严格考证才做出的定论，是与时俱进的优化，并举出几个例子和他们切磋。最后他们也认为，这就是医学的继承、充实、改进和提高，是医学发展的必由之路。

秉承这一宗旨，经过不懈努力，并在广大同行的支持和老师的帮助下，我终于完成了这本书。

在此，对我的老师及同行致以真挚的感谢。

由于本人水平有限，本书难免有不尽如人意之处，恳请同行及广大读者提出宝贵意见及建议。谢谢！

但愿此书能给广大患者带来方便，带来福祉。如是，乐莫大焉。

张文鹤

目录
contents

皮肤疾病篇

鹤叔有妙招

鹤叔有画说

皮肤疾病篇

痤疮

痤疮是什么？

痤疮，俗称"青春痘"，是一种常见的毛囊皮脂腺的慢性炎症性皮肤病。多发于青春期，但实际上，很多过了青春期的人也会受其困扰。研究发现，超过 95% 的人一生中会患有不同程度的痤疮，它不仅影响面容美观，也给患者的心理健康造成严重影响。痤疮主要发生在面部，其次是前胸、后背、肩部等皮脂腺丰富的部位，一般呈对称分布，常伴有皮脂溢出。其产生的主要原因是，在遗传背景下，激素诱导的皮脂腺过度分泌、毛囊皮脂腺导管异常角化，以及痤疮丙酸杆菌的大量繁殖。临床以粉刺、丘疹及脓疱最为常见，严重者可出现结节、囊肿和瘢痕。皮损一般没有感觉，炎症明显时可伴有疼痛。

痤疮的分级

根据发病程度，我们可以将痤疮分为以下三度四级：

轻度痤疮（I 级）：以粉刺为主，少量丘疹和脓疱，病灶总数少于 30 个。

中度痤疮（II 级）：有粉刺，中等数量的丘疹和脓疱，总病灶数在 31 ~ 50 个。

中度痤疮（III 级）：大量丘疹和脓疱，偶见大的炎症性皮损，分布广泛，总病灶数在 51 ~ 100 个，结节少于 3 个。

重度痤疮（IV 级）：结节性、囊肿性或聚合性痤疮，伴疼痛并形成囊肿，病灶数多于 100 个，结节或囊肿多于 3 个。

如何治疗痤疮？

☞ 常规治疗

治疗原则主要为去脂、溶解角质、杀菌、消炎及调节激素水平。

外用药物是治疗痤疮的基础，轻中度痤疮以外用药物为主，中重度痤疮在系统治疗的同时还需辅以外用药物、物理与化学治疗等。

（1）外用药主要有维 A 酸类、抗菌类、壬二酸、二硫化硒、硫磺和水杨酸等。

（2）系统用药有抗菌药物、维 A 酸类和激素治疗等。

（3）物理与化学治疗主要包括光动力、红蓝光、光子嫩肤、化学剥脱等，作为痤疮的辅助治疗及痤疮后遗症治疗的选择。

外用药注意事项

（1）维 A 酸类药物：睡前在痤疮皮损处及好发部位应用，起初会出现轻度刺激反应，如局部红斑、脱屑，自觉紧绷和烧灼感，但随着使用时间的延长可逐渐耐受，刺激反应严重者应及时停药。

（2）抗菌药物：过氧化苯甲酰同样会引起轻度刺激反应，建议低浓度、小范围试用。过氧化苯甲酰可导致全反式维 A 酸失活，二者联合使用时应分时段外用。另外，外用抗生素如克林霉素、夫西地酸等易诱导痤疮丙酸杆菌耐药，故建议与其他药物联合使用以减少耐药性的产生。

♥ 鹤叔疗法

（1）颊区痤疮：细菌感染的概率大，不要用手摸、抓，这样会让细菌种植，可用碘伏杀菌。如果特别痒而搔抓引发皮肤过敏，可在晚上睡前吃一次抗组胺药，如半片扑尔敏或开瑞坦。

（2）口周痤疮：可能与胃肠功能紊乱有关，所以忌吃辣椒，减少高热量食物的摄入，调整胃肠功能，多喝酸奶，增加肠道蠕动，每天至少排便一次。

（3）鼻区痤疮：一般是由蠕形螨引起的，可以先抹碘伏，干了之后抹硫磺软膏。碘伏可以杀灭皮肤里面的螨虫，硫磺软膏能杀死皮肤表面的螨虫，一天重复使用两三次，很快就会看到效果。

（4）额区痤疮：大部分是由于雄性激素水平升高引起的，雄性激素会使角质层增厚，油脂分泌增多，从而堵塞毛囊。这种情况不推荐服用任何抗雄激素的药，因为一旦掌握不好量，就会损伤身体。解决这一问题，青少年只需要多运动，成年人则要把生活和工作上的问题解决好，保持身心舒畅即可。

除了以上的注意事项和解决方法，还可遵循白头、黑头用十滴水洗，红头、脓头用碘伏抹的原则进行治疗。

十滴水洗脸方法：2500 毫升 25~42℃的温热水加半支约 2.5 毫升的十滴水洗脸，之后用中性洗面奶搓 1 分钟，再冲洗干净，用毛巾擦干。如果你不喜欢十滴水的味道，可以最后用温热的清水多冲洗几次。洗完脸会干，一定要抹润肤露。

▶ 生活指导

（1）应注意选择合适的面部清洁剂和护肤品，在油脂分泌高峰期且尚未得到控制前，原则上不应使用油膏类护肤品。并且，注意劳逸适度，改善便秘情况。

（2）饮食注意：痤疮患者大多数有内热，饮食上应多选用具有清凉祛热、生津润燥作用的食物。忌食油脂丰富、含糖量高的食物，避免引起过敏而使痤疮加重，使皮脂腺的慢性炎症扩大而难以治愈。

鹤叔教你学药理

碘伏治疗痤疮的机理：

碘伏属于含碘消毒剂，可杀灭细菌繁殖体、真菌及部分病毒。在治疗过程中使用方便，涂擦后皮肤吸收好，杀菌作用更加持久。使用碘伏治疗脓疱，避免了抗生素的滥用，治疗方法简单易行且效果可靠。

硫磺软膏治疗痤疮的机理：

硫磺具有杀灭或抑制某些细菌、减少皮脂分泌的作用，同时还具有角质剥脱的作用。

十滴水治疗痤疮的机理：

十滴水中含有大黄，大黄游离蒽醌对痤疮致病菌痤疮丙酸杆菌、金黄色葡萄球菌有抑菌活性，其中大黄素对痤疮丙酸杆菌的抑制作用最强。十滴水中的多种成分具有清热开窍的功效，用温热水稀释一千倍后，十滴水的刺激性降到了最低，这样在避免刺激皮肤的同时，打开毛囊口，以利于皮脂排出。

汗疱疹

汗疱疹是什么？

汗疱疹又称"出汗不良性湿疹"，为一种手掌、足跖部非炎症性水疱性皮肤病。对称发生在掌跖、指（趾）侧缘及屈侧皮肤，少见于手背、足背。皮损为针尖至粟粒大小圆形深在性小水疱，呈半球形，略高出于皮面，周围无红晕，内含清澈或浑浊浆液。水疱可以融合成大疱，但一般不能自行破裂，疱液被吸收后形成衣领状脱屑，露出红色新生上皮，薄而嫩，此时常伴疼痛，自觉不同程度的瘙痒或灼热感。病程慢性，一般于春末夏初发病，夏季最为严重，冬天好转。

临床十分常见，每年定期反复发作。不少人误认为该病为手癣、脚癣而使用抗真菌药膏，却无效果，因而十分烦恼。近年来，随着各种化学洗涤剂的广泛使用及儿童玩具的种类越来越多，儿童汗疱疹的发病率不断增加。

如何治疗汗疱疹？

☞ 常规治疗

以外用药为主，选用可以收敛、干燥、止痒的药物。病程早期可口服抗组胺药，局部药物治疗以干燥、抗炎、止痒为原则；病程后期以脱屑为主时，可外用 10% 尿素霜。

（1）在早期形成水疱的时候，可用炉甘石洗剂外擦；开始脱皮时，可使用糖皮质激素霜剂或者软膏等；局部反复脱皮、干燥疼痛时，可加用尿素软膏。不过，外用药物对手部汗疱疹有效，对足部汗疱疹疗效较差。外用糖皮质激素是治疗汗疱疹常用的首选药物，通常选择软膏剂型，但长期外用会引起皮肤萎缩、毛细血管扩张等不良反应。可联合外用免疫抑制剂，如他克莫司软膏或吡美莫司乳膏，对汗疱疹同样有效。

（2）对于顽固性汗疱疹或者严重的汗疱疹，可在医生的指导下短期内服糖皮质激素和 / 或免疫抑制剂等药物进行治疗。

♥ 鹤叔疗法

汗疱疹一般长在手指侧面，呈小水疱状，多见的发病人群有：

（1）护士；

（2）出汗多的人；

（3）游泳的人；

（4）饭店洗盘子的人。

以上人群常发病的原因主要是经常且频繁洗手，以及出汗对表皮角质层造成了一定的破坏，导致原来可以正常排出的汗液无法排出，将皮脂腺顶出一个小包。汗液中的盐分继续刺激皮肤，造成手痒的症状。此时应避免挤压或手撕小水疱。

如果治疗方法不对，会损伤真皮层变成湿疹，皮肤红、肿、痒。鹤叔推荐使用乐肤液（哈西奈德溶液）涂抹，切记不要买成乐肤杀菌液。

▶ 生活指导

（1）得了汗疱疹不要过于紧张。症状不严重时，只要避免刺激，解除工作和学习上的压力，避免精神紧张和情绪波动，保持心情愉悦及充足的睡眠，大多数是可以自愈的。

（2）应寻找并祛除接触性刺激因素。得了汗疱疹要饮食清淡，少吃辛辣食物，避免烟酒刺激，因为这些都有可能诱发和加重病情。

（3）在平时的生活中，应注意穿透气舒适的鞋子，手足尽量不接触洗涤用品。

（4）保持手足皮肤干燥。

💊 **鹤叔教你学药理**

乐肤液治疗汗疱疹的机理:

乐肤液的主要成分为哈西奈德,这是一种高效含氟和氯的皮质类固醇,具有抗炎、抗瘙痒和收缩血管的作用。临床主要用于接触性湿疹、异位性皮炎、神经性皮炎、银屑病、硬化性萎缩性苔藓、扁平苔藓、盘状红斑狼疮、脂溢性皮炎(非面部)、肥厚性瘢痕。

玫瑰痤疮

玫瑰痤疮是什么?

玫瑰痤疮,过去又称"酒渣鼻",是一种主要累及面中部血管及毛囊皮脂腺的炎症性疾病。多发于面颊、口周、鼻部,部分可累及眼睛和眼周。在玫瑰痤疮的前期阶段,可能只会出现间歇性潮红;在后期阶段,会出现持续性红斑、毛细血管扩张、丘疹和脓疱、面部干燥及水肿,常伴灼热、刺痛等不适。由于皮脂腺及结缔组织过度增生,可出现鼻部、面颊肥厚性斑块,严重者甚至会出现鼻赘,造成永久性、损容性改变。部分患者会有不同程度的眼部不适,从轻度干燥至睑缘炎、结膜炎、角膜炎,最后甚至可危及视力。玫瑰痤疮主要累及 20 ~ 50 岁的成年人,女性发病率高于男性,但男性病情一般比女性重。

玫瑰痤疮的分类

根据临床表现不同，玫瑰痤疮可分为四个亚型：

红斑毛细血管扩张型：最初表现为面颊部阵发性潮红，情绪激动或环境变化等均可使潮红加重。后来，潮红反复发作，可出现持续性红斑或毛细血管扩张。常伴有干燥、灼热或刺痛等皮肤敏感症状。

丘疹脓疱型：多见于面颊、口周、鼻部，在持续性红斑、毛细血管扩张的基础上逐渐出现丘疹、脓疱。

肥大增生型：多见于鼻部或口周。随着病情的发展，皮脂腺增生、出现纤维化，临床表现为肥大增生的皮损。

眼型：很少有单独的眼型玫瑰痤疮，往往为以上三型的伴随症状，表现为眼睛异物感、光敏、视物模糊、灼热、刺痛、干燥或瘙痒等。

如何治疗玫瑰痤疮？

☞　常规治疗

玫瑰痤疮易反复发作，治疗困难。首先要避免诱发因素，针对不同人群和不同皮损选择不同的处理方法。

（1）红斑毛细血管扩张型：可使用 0.33% 酒石酸溴莫尼定凝胶、他克莫司软膏，待皮损稳定时，可使用强脉冲光、脉冲染料激光治疗毛细血管扩张。

（2）丘疹脓疱型：可使用甲硝唑凝胶、壬二酸凝胶、2% 红霉素软膏、过氧化苯甲酰凝胶、硫磺洗剂等。严重者可口服抗生素、异维 A 酸胶囊、羟氯喹等进行治疗。

（3）肥大增生型：对形成结节、肥大增生者，可采用激光或外科切除术。

（4）眼型：如果有干眼症状，可使用人工泪液；若出现角膜结膜病变，可外用含激素的抗生素眼膏。

♥ 鹤叔疗法

丘疹脓疱型可使用甲硝唑凝胶；红斑毛细血管扩张型，由于涉及局部血管舒缩功能失调，需要就医治疗。

▶ 生活指导

（1）防晒、防过热：在皮损未控制期，以打遮阳伞、戴墨镜、戴帽子等物理防晒措施为主；等皮损基本控制后，可考虑使用温和的防晒霜，同时避免使用热水洗脸，刺激皮肤。

（2）心理放松及睡眠充足：放松心情，避免紧张、焦虑或情绪激动，同时保持充足的睡眠，有利于玫瑰痤疮稳定。

（3）饮食管理：均衡饮食，忌烟酒，避免辛辣、油腻食物，同时避免个人敏感的食物。

（4）日常护肤：遵从精简护肤的原则，长期使用保湿护肤品，从而修复皮肤屏障功能；慎用各种彩妆。

（5）月经期加重的患者：经前注意调节饮食、睡眠及心情，有助于防止玫瑰痤疮复发。

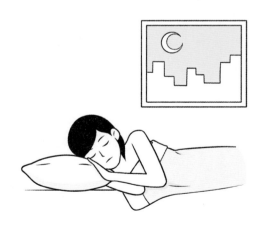

鹤叔教你学药理

甲硝唑凝胶治疗玫瑰痤疮的机理：

甲硝唑不仅具有杀灭毛囊蠕形螨的作用，还能抑制中性粒细胞的趋化，发挥抗炎作用。国内外均推荐外用甲硝唑凝胶来治疗丘疹脓疱型玫瑰痤疮，以改善玫瑰痤疮引起的丘疹、脓疱、红斑。用法为：洗脸后将甲硝唑凝胶涂于患处，每日早、晚各 1 次，2周为 1 疗程，可连用 8 周。

激素依赖性皮炎

激素依赖性皮炎是什么？

激素依赖性皮炎，又称"糖皮质激素瘾性皮炎"，是因长期反复不当地外用激素导致的皮炎。本病表现为外用糖皮质激素后原发皮损消失，但停用糖皮质激素后又出现炎症性皮损；患者为避免停药后反跳性皮炎再发的痛苦，便会反复使用糖皮质激素控制症状，从而产生依赖。严格来说，本病属于长期外用糖皮质激素后产生的一种不良反应。临床表现为：红斑或潮红、毛细血管扩张、丘疹、脓疱、脱屑、色素沉着或表皮萎缩。常伴随灼热、瘙痒、疼痛等自觉症状，其他常见的症状有干燥、脱屑和紧绷感。本病可发生于任何年龄，但主要为中青年女性，夏季症状较重。近年来，随着外用糖皮质激素的滥用，该病发病率呈逐年上升趋势。

如何治疗激素依赖性皮炎？

☞　常规治疗

（1）停用糖皮质激素：对病程长、停药后反应剧烈者，采用递减法，即遵循"起始量—减量—维持量—停药"的循序渐进的原则，由强效改用弱效、由高浓度改为低浓度，直至停用糖皮质激素。

（2）保湿治疗：通过使用保湿剂增加角质的含水量从而恢复皮肤部分屏障工作能力。常见的保湿剂有凡士林、尿素软膏等。

（3）抗炎治疗：局部外用免疫调节剂，如他克莫司软膏；或口服第二代抗组胺药。

（4）抗感染治疗：有继发感染时可联合使用抗生素。

（5）心理治疗：帮助疏导患者对糖皮质激素的依赖心理。

♥　鹤叔疗法

用盐酸小檗碱片加水湿敷，待皮肤状况稳定后开始使用婴儿润肤露。具体操作方法如下：

溶液浓度不要过高，500毫升水里加1～2片就足够。敷2～4周后会出现脸红、发烫的情况，如果不痒就不用理会，如果痒则提示你现在皮肤不耐受，其原因是皮肤细胞恢复了功能，炎症细胞有了反应，解决方法是降低浓度，过段时间再加到正常浓度。如果出现大红疙瘩，说明是细菌感染，抹一点甲硝唑凝胶就好。

▶ 生活指导

（1）饮食上少食或不食辛辣、腥膻等动风之物，以及香菜、芹菜、香菇等光敏性食物。

（2）避免用热水洗脸淋浴、蒸桑拿等刺激皮肤的行为。作息保持规律，做好防晒。

（3）外用护肤应选择渠道正规、质量有保障、温和的产品。

鹤叔教你学药理

黄连素水治疗激素依赖性皮炎的机理：

黄连素又称"小檗碱"，是从毛茛科黄连属植物——黄连的根状茎中提取的主要成分。小檗碱作用于某些炎症细胞和炎症介质，在增强非特异性免疫功能的同时，可抑制特异性免疫，具有消炎、消肿、收水、敛湿的功效。

干性湿疹

干性湿疹是什么？

干性湿疹又称"乏脂性湿疹"，多见于婴儿及老年人。全身各处可发生，但多见于四肢、头皮、眉间等部位。临床表现为红斑、丘疹伴糠秕样脱屑，但无明显渗出；慢性时呈可浸润肥厚，伴皲裂、抓痕或结痂。婴儿常因阵发性剧烈瘙痒而哭闹和睡眠不安。虽然在宝宝身上没有发现红疹或者脱皮，但宝宝总是浑身乱挠，难以入睡。这时家长可以用手去摸摸宝宝的肩膀外侧或者小屁股，会发现有粗糙的颗粒感。其实，这时的皮肤已经有肉眼看不到的细小裂口，如同墙皮脱落，不能防止外界刺激、锁住内部水分，这就是干性湿疹。因冬季空气干燥，皮脂分泌减少，加之冬季洗澡水一般温度较高，多种因素叠加，诱发了干性湿疹。

如何治疗干性湿疹？

☞ 常规治疗

因病因复杂，以对症治疗为主，目的是重建皮肤屏障。治疗干性湿疹类疾病时，应使用温和、无刺激性的润肤剂，增加干燥皮肤的水合程度，以增强正常皮肤抗损能力，并治疗已受损的皮肤。

（1）急性期：用 2% ~ 4% 硼酸洗液湿敷后涂氧化锌软膏，可以起到杀菌和收敛的作用。

（2）亚急性期：可用炉甘石洗剂，具有消炎、散热、吸湿、止痒、收敛和保护作用。

（3）慢性期：对于没有渗出但皮肤表面潮红并且痒感明显的湿疹，可在医生指导下使用含激素的药膏，但不宜长期使用。如 0.5% 氢化可的松霜类药物或糠馏油软膏，涂擦前应先清除鳞屑及结痂。

♥ 鹤叔疗法

干性湿疹的典型表现是：一脱衣服就开始痒，过几小时就不痒了。这是因为表皮干燥撑出小裂口，细菌入侵，产生组胺导致痒；同时，细胞渗液，过几小时后渗出液修复小裂口，阻止细菌的入侵，就不痒了。小腿出现菱形纹，一脱裤子进被窝就痒，一抓就掉白屑，起红疙瘩，后半夜红疙瘩消失，这是标准的干性湿疹。

治疗方法就是像给面包抹果酱一样给不适处抹凡士林，早晚各一次。角质层的保水率是99.9%，使下层的水出不来，同时外面的水也很难补进去，所以平时用的润肤水基本没什么用，只能起到软化角质的作用。角质层怕干，小腿前面和小臂都是最容易干燥的位置，不注意润肤就会出现身体干的地方更干，油的地方更油。

▶ 生活指导

（1）避免外界的各种刺激，如热水烫洗，过度搔抓、清洗，以及接触皮毛制品等可能致敏的物质。洗浴方面以温水最好，选择清洁力适中的产品。选择长袖过指的衣服以避免搔抓。

（2）室内保持通风，避免室内吸烟，同时打扫卫生，避免室内产生大量灰尘，最好是湿擦，避免扬尘。地毯、窗帘等打扫前应提前做吸尘处理。

（3）护肤用品选择低敏或抗敏制剂，降低过敏的发生率。

有条件的可以进行皮肤敏感性测定，及时预防过敏的发生。

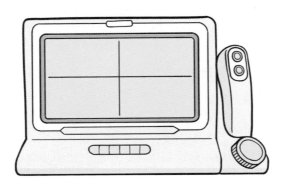

🧴 **鹤叔教你学药理**

凡士林治疗干性湿疹的机理：

凡士林的护肤原理是油包水，它具有很强的隔绝水分的作用，不让水分蒸发，保湿效果较好，可以保湿、修护肌肤，缓解肌肤干燥及因干燥导致的各种肌肤问题。

炉甘石洗剂治疗干性湿疹的机理：

炉甘石洗剂中包含甘油、氧化锌、炉甘石等成分，有润泽和黏附的功能，可起到消炎、散热、吸湿、止痒、收敛和保护作用。炉甘石洗剂不应使用于有毛发、大量渗出、糜烂、结痂等部位。当每天使用炉甘石洗剂次数过多或皮疹快痊愈时，皮肤会感到很紧绷，此时应适当减少使用次数或停用，并涂以甘油缓解皮肤紧绷。

沙土性皮炎

沙土性皮炎是什么？

沙土性皮炎，又名"摩擦性苔藓样疹"，多发于 2 ~ 5 岁学龄前儿童，男孩多见。患儿发病前常有玩沙土或接触表面粗糙物品史。夏秋季多发。皮损常对称分布于手的暴露部位，如手背、前臂伸侧，偶可见于指节、肘、膝等易受刺激摩擦的部位。皮损为针尖至粟粒大小的扁平或半球形丘疹，数目众多，散在或密集分布但不融合。皮损在整个病程中均保持干燥，无水疱、糜烂及渗出。颜色一般为正常肤色，较重者可呈淡红色，一般无自觉症状，有时出现轻度瘙痒。本病具有自限性，但若反复暴露于原刺激物则易复发加重。

如何治疗沙土性皮炎?

因为沙土性皮炎可自行消退，所以不需要给予特殊治疗。但如果患儿因局部瘙痒影响睡眠时，则需给一些对症治疗。

☞ 常规治疗

（1）外用药：根据皮疹形态和严重程度酌情使用糖皮质激素药膏、炉甘石洗剂等。

（2）系统用药：针对有瘙痒症状的患儿，可使用抗组胺药，如氯雷他定糖浆、西替利嗪滴剂、扑尔敏等。皮疹泛发、瘙痒明显时，可在医生指导下短期口服或静滴糖皮质激素。

♥ 鹤叔疗法

局部不需要过多处理，可以涂碘伏，2 ~ 3 周就好了。有病毒感染症状或体征的，可酌情口服中药抗病毒制剂，如板蓝根。

▶ **生活指导**

（1）减少和避免刺激因素：带孩子在室外游玩时，应注意避免过多接触外界不良刺激。如去海滨游泳时，不要让孩子在沙滩玩耍时间太长；家人洗衣服时，不要让孩子在旁边玩肥皂或洗衣粉水等。

（2）对于患处的护理：切忌用热水清洗患处，日常保持局部的干燥。少用香皂、洗手液。孩子的毛巾和贴身衣物最好选用纯棉制品，袖口、鞋口应柔软、宽松，减少摩擦。

（3）日常护理：避免暴晒，因为暴晒会导致皮肤表面保护能力降低，再经过摩擦会加重病情。所以，夏季尽量带孩子在上午8点前或下午4点后晒太阳，避免在烈日当空时长时间地在户外玩耍。

🧴 鹤叔教你学药理

碘伏治疗沙土性皮炎的机理：

碘伏属于广谱杀菌剂，其毒性小，刺激性小，故而常用于杀菌消毒。

板蓝根治疗沙土性皮炎的机理：

沙土性皮炎病因尚未明了，除机械性刺激外，还可能与病毒感染等有关。板蓝根是常用的清热解毒类中药，其中含有的靛甙是天然抗病毒成分，不仅能抑制人体内多种病毒的活性，减少病毒对人体组织的伤害，还能增强人体吞噬细胞的活性，提高自身的抗病能力。

手足湿疹

手足湿疹是什么？

手足湿疹是指发生于手部和足部的湿疹皮炎类疾病的总称，是常见的过敏性、炎症性、非传染性皮肤病。常发生于手指背及指端掌面，可蔓延至手背和手腕部，足背也是好发部位，具有皮疹多形性、对称分布、剧烈瘙痒、易演变成慢性等特点，可发生于任何年龄、任何季节，但常在冬季复发加剧。包括轻度病例在内，每年手足湿疹的患病率可达 10%，慢性顽固性湿疹约占所有患者的 5%～7%，女性手部湿疹患病率远远高于男性。近年来，湿疹的发病人数呈逐渐上升趋势，这可能与遗传因素、精神心理因素有关，与气候环境变化、大量化学制品在生活中的应用也有一定的关系，并且生活节奏加快、饮食结构改变等都可能导致发病。湿疹可迁延数年，治疗困难，容易反复发作，对社会和个体的影响很大。

手足湿疹的分期

急性期：皮损表现为红斑，在此基础上形成针尖至粟粒大小丘疹、丘疱疹、水疱，可伴有糜烂及渗出，病变中心较重，且逐渐向周围蔓延，故境界不清。

亚急性期：皮损表现为红肿和渗出减轻，糜烂面结痂、脱屑。

慢性期：皮损表现为浸润肥厚、苔藓样变。一般呈对称分布，反复发作，自觉剧痒。

如何治疗手足湿疹？

☞　常规治疗

（1）局部治疗：根据分期选择合适的外用药物和剂型。急性期无糜烂、渗出时，可使用炉甘石洗剂、复方黄柏液。大量渗出时，可使用硼酸溶液进行冷湿敷。亚急性期和慢性期建议外用糖皮质激素制剂。

（2）系统药物治疗：可用抗组胺药，有继发感染者加用抗生素。

♥　鹤叔疗法

分两大类治疗：一类是有真菌的，参照真菌治疗方法；另一类是没有真菌的，按照汗疱疹的治疗方法。同时一定要口服抗组胺药。

▶　生活指导

（1）寻找和避免环境中常见的变应原及刺激原。保持愉快的心情。

（2）避免搔抓患处，通过拍打患处或涂抹止痒药缓解。同时身着衣物应以棉料为主，避免贴身穿着化纤、皮毛织品等对皮肤有刺激的衣物。

（3）保持皮肤清洁，皮损处忌用热水、碱性洗涤用品清洗。洗澡后及时保湿，涂抹没有刺激的润肤露。

（4）饮食宜清淡、易消化，避免吃辛辣油腻食物，戒烟戒酒。

（5）外出时做好防晒及防风保护，避免患处被阳光长时间照射及受风，以免皮肤干燥而加重病情。干燥的空气会使症状更加恶化，冬天应注意房间内保持一定的湿度。

📦 鹤叔教你学药理

抗真菌药治疗手足湿疹的机理：

湿疹的患者经常有渗出和瘙痒的症状，搔抓以后，非常容易继发真菌感染。另外，湿疹患者经常外用一些激素药膏，也有诱发真菌感染的可能。手足部位的真菌感染通常比较顽固，一定要把不同的药物轮换着用，记住口诀"坐等还书"。"坐"（唑）是一大类，所以叫"坐等"，如达克宁（硝酸咪康唑）、孚琪（联苯苄唑）、克霉唑，化学名里都有个"唑"；"还"（环）是环利软膏，它是合成药类（环吡酮胺）；"书"（舒）是指丙烯胺类的药物——特比萘芬，不管药品名是叫兰美抒还是疗霉舒，名字后面一定有个"舒"（抒）字。这几种药每种用两三周，轮换使用，可以把一些产生耐药性的真菌都杀死。

抗组胺药治疗手足湿疹的机理：

抗组胺药是一大类药，有很多种，常见的有扑尔敏、开瑞坦、西替利嗪等。其中扑尔敏最便宜，且在药典中没有明确的不良反应，相对安全。但吃完后会犯困，不能开车，如果需要开车，可以选择开瑞坦。湿疹往往表现为剧烈瘙痒，严重影响生活质量，抗组胺药主要起到止痒作用，防止过度搔抓加重病情。

人工皮炎

人工皮炎是什么？

人工皮炎是一种精神障碍性皮肤病，大多由精神疾病、心理障碍等引起患者伤害自身皮肤而造成继发性改变，患者以中青年女性为主。在临床上，皮损多在患者手能触及之处，如面颈、胸腹、四肢等。因发生机制比较复杂，临床表现也各不相同，常见有红斑、水疱、大疱、表皮剥脱、坏死性溃疡等，所以在临床上容易导致误诊，从而难以进行准确治疗。

如何治疗人工皮炎？

☞ 常规治疗

人工皮炎属于精神性皮肤病。除了局部对症治疗，也需要心理治疗，精神疾病早期干预以多管齐下为治疗原则。人工皮炎患者多不承认自己的心理疾病，因此，为了改善患者心理和精神非正常的状态，预防患者伤害自己，需要及时对患者进行心理疏导，必要时要到精神科就诊。通过医护人员关怀、家庭成员呵护，让患者感受生活的美好。

外用药注意事项

（1）要注意保湿剂的使用时间和剂量，以及使用范围和产品成分。保湿剂尽量在沐浴后涂抹，如果出现化脓就要及时停药，选择局部抗菌药物进行治疗。尽量选择无香精和酒精成分的保湿剂，以减少对皮肤的刺激，如尿囊素乳膏、凡士林等。

（2）通过外用药物来止痒时，要注意皮肤清洁，在日常生活中饮食均衡、多饮水、避免日晒。外用药物可选择炉甘石洗剂等。

（3）过氧化苯甲酰、红霉素、硼酸溶液等对皮损治疗较为有效，但不宜长期、过量用于皮肤、黏膜等局部抗菌，以防止过敏反应和耐药菌株的产生。

♥　鹤叔疗法

治疗的首要原则为对症处理，抗炎止痒的同时，需要解决患者皮肤病表现，缓解临床症状。必要时，需进行心理疏导，以纠正患者的心理及精神异常状态。

🗒️ 鹤叔教你学药理

保湿剂治疗人工皮炎的机理：

在反复发生炎症以及搔抓时，过敏原易侵入人体，从而加重瘙痒。保湿剂不仅能软化角质层，改善皮肤屏障功能，还能防止因皮肤干燥导致的表皮神经生长因子和神经纤维密度增加。

抗菌药物治疗人工皮炎的机理：

抗生素，比如，过氧化苯甲酰、红霉素、硼酸溶液、雷佛奴尔（依沙吖啶）、高锰酸钾、苯扎溴铵等，对于治疗皮肤病较为有效，帮助了很多皮肤病患者。除此之外，还有氯洁霉素（克林霉素）、黄连素、四环素、莫匹罗星等，应当结合患者的病情，有针对性地展开治疗工作。必要时，可使用止痒剂进行治疗，其对于感觉神经末梢起到了较强的麻痹作用，使患者的局部皮肤产生清凉感，从而减轻瘙痒的症状，较为有效的药物包括麝香草酚、苯酸、苯唑卡因、樟脑、盐酸达克罗宁等。用药期间，患者要格外注意皮肤卫生，避免抓挠，还要注意合理安排饮食。

肛周湿疹

肛周湿疹是什么？

肛周湿疹，是一种常见的过敏性皮肤病，病变局限于肛门及其周围皮肤。急性皮损可表现为红斑、糜烂；慢性皮损可表现为肛门周围皮肤增厚、粗糙、皲裂。近年来肛周湿疹的患儿越来越多，多为过敏体质，常因奇痒难忍而哭闹，睡眠受到严重影响。本病主要与遗传性过敏体质、创伤、摩擦、肛周等疾病分泌物刺激、精神因素及消化系统功能障碍等有关，病因复杂且容易反复发作。

肛周湿疹分类

急性肛周湿疹：红斑基础上密集的粟粒大小的丘疹、丘疱疹或水疱。

慢性肛周湿疹：较急性湿疹更为多见，表现为局部皮肤增厚，表面粗糙。患处因瘙痒剧烈，常常被宝宝抓破而结痂。易于复发。

如何治疗肛周湿疹？

☞ **常规治疗**

（1）急性肛周湿疹的治疗：局部止痒为首要措施。因晚间瘙痒而影响睡眠的患儿，可在临睡前口服一片抗组胺药，同时搭配 B 族维生素、维生素 C 调整神经功能。外用硼酸溶液湿敷，涂止痒霜或激素药膏以及炉甘石洗剂等，夏天可在溶液里加冰块以降低水温。

（2）慢性肛周湿疹的治疗：因易于复发，要特别注意避免诱发因素，如不要进食刺激性食物。肥厚的皮损可以用皮质类固醇激素封包治疗，较薄皮损可外用各种含皮质类固醇激素制剂。

♥ **鹤叔疗法**

（1）开塞露和乐肤液 1：1 混合涂抹，嫌油的可以换成艾洛松和凡士林 1：1。

（2）在 500 毫升黄连素水中加入 10 毫升乐肤液，早上和下午各用混合液涂抹 1 次。中午和晚上，在孩子睡着时用小手巾蘸着混合液敷在孩子的患处，保持半小时。

▶ 生活指导

（1）很多皮肤病与卫生习惯有关，每天要给孩子清洗两次会阴和肛周等私处或用温水坐浴，保持肛周清洁卫生，避免搔抓、摩擦，防止因感染而出现脓肿。

（2）避免吃辣的，否则会刺激肠道，加强肠蠕动，分泌肠液刺激肛周，引发湿疹。

（3）注意日常接触的各种物品、用具以及化学品中可能致敏的物质，不要让孩子穿羊毛、丝、尼龙等易刺激皮肤的衣服。

（4）天冷干燥时，应给孩子搽上防过敏的非油性润肤霜。

🧴 鹤叔教你学药理

开塞露治疗肛周湿疹的机理：

开塞露本是用于治疗便秘的药物，为甘油、山梨醇和硫酸镁的混合制剂。甘油可通过吸收空气中的水分达到滋润皮肤的目的。慢性肛周湿疹会导致周围皮肤干燥、脱屑，引发瘙痒，而甘油对缓解瘙痒有一定的作用。山梨醇外用作为保湿剂，很多化妆品也将山梨醇作为保湿剂，可以减轻皮肤干燥，进一步缓解瘙痒症状。凡士林同样是皮肤保湿剂，起到的作用是一样的。

乐肤液、艾洛松治疗肛周湿疹的机理：

乐肤液的通用名是"哈西奈德溶液"，艾洛松的通用名是"糠酸莫米松乳膏"，它们均为含皮质类固醇的激素药膏，不仅具有抗炎、抗瘙痒和收缩血管的作用，还能抑制组胺的释放，对湿疹有很好的疗效，但其含有激素，不可长期使用。

黄连素水治疗肛周湿疹的机理：

黄连素具有抗炎和免疫调节功能。利用黄连素水冷湿敷治疗儿童肛周湿疹，可以收缩皮肤末梢血管、减轻充血、减少炎症性渗出，从而发挥抗菌消炎、止痒、收敛等作用。

唇炎

唇炎是什么？

唇炎是一类累及嘴唇的炎症性疾病的总称，以嘴唇红肿、干燥、起皮、结痂等为主要表现，可伴有疼痛及烧灼感。病因不明，时轻时重，反复发作，临床较为难治。唇炎发病率较高，各个年龄段均可发生，多见于女性。若反复发作、迁延不愈，可致唇部肿胀肥厚，严重影响患者的容貌、进食、言语，甚至发生恶变。

唇炎的分类

唇炎的分类暂无统一标准，按临床表现可分为干燥脱屑性唇炎和湿疹糜烂性唇炎。

干燥脱屑性唇炎：多见于 30 岁以下的女性，以嘴唇的过度角化和脱皮为特征，上下唇都可发生，下唇为重。表现为嘴唇部异常的黄白色痂皮或血痂，严重者可糜烂伴脓性分泌物，自觉不同程度的疼痛。部分患者一段时间内可能会自愈，但常反复发作、持续数年。

湿疹糜烂性唇炎：以嘴唇部反复糜烂、渗出、结痂、剥脱为主要特征，可表现为黄色薄痂、血痂或脓痂。与干燥脱屑性唇炎相似，患者可能会自愈，但会复发。

如何治疗唇炎？

☞　常规治疗

不同唇炎的病程各异，部分在去除局部刺激因素后可自行恢复。若病情反复，持久不愈，建议患者及时就诊。慢性唇炎无特异性治疗方法，一般应在去除明显诱因或治疗全身性疾病后再行对症治疗，减轻局部症状，提高生活质量。

（1）脱屑性唇炎可使用抗生素类或抗炎类软膏，如金霉素眼膏、他克莫司软膏等局部涂抹。

（2）糜烂性唇炎可先用 0.1% 依沙吖啶溶液、5% 生理盐水等消毒纱布局部湿敷，等结痂消除、皲裂愈合，再涂上述软膏类药物。

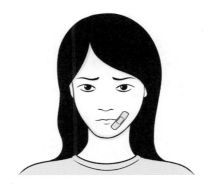

（3）对日光敏感者可局部涂抹防晒剂，如 3% 氯喹软膏、5% 二氧化钛软膏。

（4）全身药物治疗可以辅助、增强局部治疗的效果。维生素 A 可减少唇部黏膜脱屑，维生素 B 可促进黏膜生长。局部治疗效果不佳时，可口服泼尼松等激素药物治疗。过敏者可服用抗组胺药，如氯苯那敏、氯雷他定等。

（5）当慢性唇炎与人为因素有关时，应给予患者心理疏导并配合使用抗焦虑药或抗抑郁药。

♥　**鹤叔疗法**

（1）小儿唇炎：造成小儿唇炎的原因多是擦嘴方法不正确。

如用袖子会摩擦唇部表皮；用湿纸巾会带走油脂，使角质受损更快；用软纸擦也不行，因为小孩吃的菜汤沾在唇上，使唇部皮肤变得脆弱，用纸擦后出现微小裂口，从而诱发唇炎。小儿唇炎最好的处理方法是，先用清水洗嘴唇，再用干毛巾蘸干，最后用开塞露和乐肤液1：1的混合液抹在患处。如果感觉疼，可改为只抹开塞露，因为开塞露含有甘油，具有滋润作用，抹两周左右就好了。

（2）成人唇炎：多为手撕死皮造成的，处理方法是抹开塞露和乐肤液1：1混合液，待好转后只抹开塞露，直到恢复。

（3）日光性唇炎：多发于下嘴唇，是由日光照射引起的，可使用上面同样的方法治疗。

▶ 生活指导

（1）注意给小儿擦嘴的方式。

（2）注意休息，减轻焦虑情绪，学会释放压力、放松心情，保持良好情绪状态。

（3）改变咬唇、舔唇等不良习惯，不要暴力去除唇部死皮。

（4）避免日晒、风吹、寒冷刺激，气候干燥时可以进行局部湿敷，保持唇部湿润。

（5）停止使用可疑的药物、唇膏及其他化妆品等。

（6）戒烟戒酒，忌食辛辣刺激性食物；多吃新鲜水果，补充维生素。

（7）多喝水，避免嘴唇干燥。

（8）平时要保持良好的口腔卫生。

鹤叔教你学药理

开塞露治疗唇炎的机理：

常见的开塞露有两种制剂，一种是甘油制剂，另一种是甘露醇、硫酸镁制剂。两种制剂成分不同，但原理基本一样，保湿能力强、渗透性强，能软化角质层，帮助皮肤修复屏障。另外，开塞露里含的硫酸镁是苦的，能防止孩子舔嘴唇。

乐肤液治疗唇炎的机理：

乐肤液是一种高效含氟和氯的皮质类固醇，具有抗炎、抗瘙痒和收缩血管的作用。特别注意：乐肤液属于激素类药物，只可短期使用，待症状好转之后，日常抹凡士林保护皮肤即可。

毛囊炎

毛囊炎是什么?

毛囊炎是以毛囊受累为主的化脓性炎症性皮肤病,初期表现为以毛囊为中心的红色丘疹,顶端逐渐出现黄白色脓疱,大部分伴有疼痛、瘙痒等自觉症状。成人好发于多毛的部位,小儿则以头部、腋下、腹股沟、臀部等为高发部位。感染性毛囊炎可由细菌、真菌、病毒等引起,毛发的牵拉,摩擦、搔抓引起的损伤,皮肤浸渍等是毛囊炎常见的诱因。细菌性毛囊炎是最常见的毛囊炎,主要由金黄色葡萄球菌感染引起。正常皮肤表面本身就存在葡萄球菌,不会对人体造成伤害,但当皮肤发生微小创伤时,细菌进入皮肤就会引起毛囊发炎。细菌性毛囊炎可发生于任何人群,患有糖尿病、免疫力低下、长时间使用糖皮质激素类和抗生素类药物、长时间使用含有重金属或激素的化妆品、不注意卫生的人群,以及肥胖、久坐人群更容易出现细菌性毛囊炎。真菌性毛囊炎最常见的原因是马拉色菌感染，湿热气候下易发病，常见于青少年男性的胸背部，表现为孤立分布的密集红色丘疹。

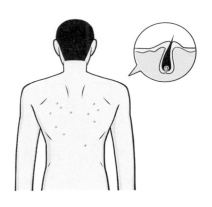

如何治疗毛囊炎？

轻微的毛囊炎通常会自行消退，约经 1 周痂脱痊愈，一般不需要就医。反复发作、多年不愈的毛囊炎可发展为深在的感染，往往需要使用药物治疗。

☞ 常规治疗

（1）抗菌洗剂：如氯己定洗剂、炉甘石洗剂、高锰酸钾溶液等。

（2）外用抗生素类制剂：如莫匹罗星软膏、夫西地酸乳膏等。

（3）外用抗真菌类制剂：如特比萘芬乳膏、酮康唑乳膏等。

（4）严重者需口服抗生素或抗真菌药物，针对细菌感染的常用头孢类等抗生素，针对真菌感染的可口服伊曲康唑类等抗真菌药。口服用药一定要在医生指导下使用。

❤ 鹤叔疗法

（1）头皮毛囊炎：一瓶碘伏搞定。如果头皮长毛囊炎破溃结痂，99% 的人会犯一个错误，就是把这个痂抠掉，但这样会使细菌繁殖。正确的方法是用碘伏局部消毒，平时勤洗头，另外要定期烫洗毛巾、枕巾。

（2）小儿前胸后背毛囊炎：三招搞定，一是外用碘伏，每天三次；二是睡前吃扑尔敏止痒；三是每周一次开水烫洗枕巾、被套、床单、内衣。

（3）肛周毛囊炎：在标准黄连素水中加 20 毫升碘伏清洗。肛周毛囊炎如果早期没有及时治疗，炎症突破表皮、真皮、皮下组织就会形成脓肿。

（4）肛周脓肿：肛周的毛囊炎发展到一定程度可以导致脓肿形成，肛周脓肿抹药其实效果不好，推荐轻症患者或婴儿用标准黄连素水、20毫升碘伏、10毫升乐肤液混合后湿敷，每天3～4次。在孩子睡着时将浸湿到可以滴水但水不连成线的纱布敷在患处，让纱布能接触到脓肿的位置，纱布会带走热量和水分，起到收敛的作用，如此敷几天脓肿就会破开，脓被纱布带走，这就是所谓的"拔毒"。4～6岁的幼儿或脓肿严重的患者，直接用50毫升碘伏和5毫升乐肤液混合来湿敷，每次10～15分钟，敷2～3天，最多不超过5天，脓头就会破开，纱布会把脓吸出来，患处就会好了。有些孩子治疗晚了，脓肿会出现囊壁，过段时间还会复发，只能先对抗着，一有反应就用碘伏。有的封口了，形成一个硬结，这就没问题了；有的怎么也不封口，孩子大点后可以去普外科做个小手术，但绝大多数到不了这一步，需要手术的不超过1%。脓肿是囊肿向下发展而成，如果向上发展就会形成肉芽肿，治疗方法和脓肿一样。

▶ **生活指导**

（1）讲究个人卫生，勤洗手，勤换洗毛巾、衣物和床上用品，不与他人共用贴身接触的物品。

（2）穿宽松的衣物，避免穿紧身、不透气的衣物，减少衣物摩擦刺激皮肤。

（3）不要自行挤捏或挑破丘疹、脓疱，禁止抓挠。

（4）尽量少用油性护肤品。

（5）饮食上，反复发作的患者平时应该少吃辛辣油腻食物、少饮酒，多食蔬菜、水果，增加纤维素的摄入，保持大便通畅。

（6）养成正常、健康的作息规律，少熬夜。

（7）不要接触不流动、不干净、未经处理的水。

🧴 鹤叔教你学药理

碘伏治疗毛囊炎的机理：

碘伏属于低毒消毒剂，具有广谱杀菌消毒作用。碘伏的杀菌效果很强，可以在很短时间内把细菌繁殖体全部杀灭，因此，被广泛应用于医疗领域以及日常生活中。碘伏的毒性比较小，对皮肤的刺激性小。碘伏可用于皮肤、黏膜的消毒，也可处理烫伤、治疗皮肤细菌感染等。

黄连素水治疗毛囊炎的机理：

黄连素是从中药黄连中提取的主要成分，可抑制细菌生长与繁殖，抗菌谱广。黄连素水外洗可清除汗渍，促进散热，减轻局部疼痛和瘙痒。

乐肤液治疗毛囊炎的机理：

乐肤液是一种高效含氟和氯的皮质类固醇，具有抗炎、抗瘙痒和收缩血管的作用。这种激素类药物只可短期使用，症状好转之后就不要用了。

脓疱疮

脓疱疮是什么?

脓疱疮又叫"黄水疮",是由葡萄球菌或链球菌引起的具有传染性的化脓性皮肤病。多发于夏秋季,好发于儿童,易在托儿所、幼儿园或家庭中传播流行。最容易发生在脸部及手部还有四肢等暴露部位,表现为直径 2 ~ 3 毫米的红斑或者浆液性水疱,之后会迅速增大为直径 1 ~ 2 厘米的透明水疱,逐渐变为脓疱,奇痒无比,抓破后流黄水,干涸后结成黄色的痂,愈后不留瘢痕。疱液内含有大量的细菌,如果将其带到其他部位的皮肤上,将会引起同样的皮肤损害。如果治疗不及时,将会发生全身中毒症状,如高热、呕吐等。

脓疱疮的分型

根据临床表现可分为寻常型、大疱型及深脓疱疮。

寻常型脓疱疮：多为溶血性链球菌感染或与金黄色葡萄球菌混合感染引起，好发于口鼻、耳郭附近。初发为红斑和水疱，迅速变为脓疱，疱壁薄，易破溃形成蜜黄色厚痂。

大疱型脓疱疮：多见于儿童，皮疹为散在的大疱，直径为0.1～1厘米，脓疱壁薄，初起丰满紧张，后松弛，呈半月状积脓，破溃后形成大片的糜烂面，干燥结痂。大疱型脓疱疮起病急、传染性高，如不及时救治可危及生命。

深脓疱疮：又称"臁疮"，多见于营养不良的儿童，好发于小腿及臀部，脓疱向下破坏深部的组织形成溃疡，呈现边界清楚的圆形或卵圆形碟状溃疡，表面结黑色的厚痂，附近淋巴结肿大。

如何治疗脓疱疮？

☞　常规治疗

（1）局部治疗：以消炎、杀菌、清洁、收敛、干燥、止痒、去痂为原则。对于大疱可先抽吸出脓液，难以抽吸出脓液的脓疱，先用盐水稀释后再抽吸，然后用1：8000～1：5000高锰酸钾溶液或温盐水、马齿苋煎剂湿敷或清洗。再用敏感抗生素配成的溶液冲洗创面，后局部外用抗生素软膏。临床上，对于小儿脓疱疮一般采用外涂莫匹罗星软膏、康复新液进行治疗。

（2）全身治疗：对皮损广泛伴有发热或淋巴结炎者，应及早全身应用广谱敏感的抗生素。必要时，需做脓液的细菌培养及血培养加药敏，做到针对性用药。如无培养条件或受时间限制，应首选青霉素 G、先锋霉素 V 静脉点滴。抗生素的临床效果非常理想，2～3 天即可控制病情，1 周内基本治愈。另外，还可以内服中药黄连解毒汤、五味消毒饮等。

♥   鹤叔疗法

（1）脓疱疮绝大多数是由金黄色葡萄球菌引起的，极少数是由链球菌引起的，偶尔可见由两种细菌混合感染。治疗方面应注意，用药前先用清水清洁皮肤，再用无菌针头将脓疱疮刺破挤出脓液。用 0.5% 碘伏局部外搽脓痂，皮疹及健康皮肤扑黄连素粉，一周时间就好。

（2）脓疱疮传染性极强，接触过的衣物要进行烫洗消毒，每周一次。

▶ **生活指导**

（1）家长及看护人员应注意儿童皮肤的清洁，如果有损伤需及时处理，要让儿童养成讲卫生的好习惯。经常洗澡、洗手、剪短指甲，避免用手抓破脓疱，导致脓疱液污染到正常的皮肤上，引发其他部位溃烂。当脓疱结痂之后，不要用手去抠，使其自然干燥脱落，避免留下疤痕和色素沉着。

（2）对婴儿室、幼儿园、托儿所患脓疱疮的儿童应立即进行隔离，并及时清洗消毒衣物，以免传播到其他儿童身上。并且要对小孩生活过的环境、接触过的物品及时消毒，以免出现接触传染。

（3）对反复感染的患儿应注意咽、鼻腔是否存在化脓菌的病灶并及时处理。

（4）多吃一些新鲜的蔬菜、水果等补充维生素，多吃膳食纤维含量高的食物，加强营养，以增强机体抵抗力和免疫力。

🫙 鹤叔教你学药理

碘伏治疗脓疱疮的机理：

碘伏作为一种广谱、高效、低毒的消毒剂，性能稳定、使用方便，能缓慢持久释放出有效碘，对细菌、繁殖体、芽孢、病毒、真菌及霉菌孢子都有很强的杀灭作用。碘伏对皮肤黏膜无刺激、不着色、无须脱碘、收敛作用强，能迅速减少创面的脓性分泌物。

黄连素粉治疗脓疱疮的机理：

黄连素对金黄色葡萄球菌有抑制作用，黄连素粉可润滑皮肤，减少创面或皮肤摩擦，促进愈合。对于脓疱疮，采用黄连素和碘伏联合治疗，效果更好。

甲沟炎

甲沟炎是什么？

甲沟炎是一种指（趾）甲周围软组织的炎症反应，手指受累比脚趾更加常见。它是由甲皱襞脓肿引起的急性或慢性化脓性炎症，临床表现为甲周组织红、肿、热、痛，严重者可化脓。随着慢性感染的发展，甲基底部可出现横嵴，并随着复发出现新的横嵴。临床特征是近端甲皱襞的炎症，表现为痛性红斑、水肿，伴有甲小皮缺失，甲床损伤导致甲板表面异常等情况。

甲沟炎的分类

根据病程，甲沟炎可分为以下两类：

急性甲沟炎：发生在受伤或轻微创伤后，以伴有疼痛的化脓性感染、急性脓肿形成（由葡萄球菌引起）或红斑和肿胀（由链球菌引起）等为特征。

慢性甲沟炎：因反复的轻微创伤或长期接触水、刺激物和过敏原，致使酵母菌定植，引发细菌感染。近端甲皱襞的炎症大致表现为痛性红斑、水肿、甲小皮缺失和甲床损伤导致甲板表面异常。慢性病程，可与反复自限性急性加重重叠。肿瘤也有可能出现类似慢性甲沟炎的表现，类似鲍温病、角化棘皮瘤、鳞状细胞癌、内生软骨瘤和无黑色素性黑素瘤等。

如何治疗甲沟炎?

☞ 常规治疗

（1）甲沟炎轻度日常护理：在温水中添加 1 ：1 溶液的双氧水对手（脚）进行浸泡 2 ~ 4 次，以此减轻患者的疼痛及淤肿。

（2）局部及外用药物治疗：急性甲沟炎炎症反应轻微，无大脓肿时，可用醋酸铝溶液或洗必泰溶液冲洗。慢性甲沟炎患者可外用抗生素药膏，常用的有莫匹罗星软膏、夫西地酸乳膏等。

（3）全身用药治疗：甲沟炎初期可在医生的指导下使用口服或肌内注射抗生素。在取得药敏结果前，如果感染向周围组织扩散，应给予系统抗生素治疗，常用的药物是抗革兰氏阳性菌抗生素。如果做完脓液细菌培养，取得药敏结果后，可以凭借药敏结果来选择敏感抗生素。

外用药注意事项

注意清洁，不宜碰水，可用碘伏或者盐水清洗。

（1）碘伏清洗：用碘伏涂擦或浸泡患指（趾），每日5次左右，每次15分钟，直到皮肤发白，不可时间过短或过长。

（2）盐水清洗：清洗后用干净的棉花塞在指甲和肉芽之间，不要过多，注意更换。

♥ 鹤叔疗法

（1）早期甲沟炎患者可采取保守治疗，碘伏药物是首选，因其具有消灭细菌繁殖体、原虫和真菌等病菌的功效，而且一般不会产生过敏反应。在患处及外围轻轻擦拭，注意不要来回消毒患处，避免造成二次感染。

（2）当保守治疗无效或发生感染、化脓时，可考虑进行手术治疗。对急性炎症部位，进行切开引流排脓治疗。

（3）抗菌药物治疗。患者可以口服抗菌消炎药物，比如，阿莫西林胶囊、头孢氨苄、复方新诺明等抗菌药。也可以使用外用抗菌消炎药，如红霉素软膏和莫匹罗星软膏等。当已化脓时，除了用抗菌药，还应行手术处理。

▶　生活指导

（1）在日常生活中需要注意讲究卫生，做好二次清洁护理。穿合适的鞋子，戴合适的手套，避免造成不必要的感染。

（2）了解用药刺激物及过敏原，切记要谨慎妥善处理。剪指（趾）甲尽可能剪成弧形，避免造成不必要的伤害。手指或脚趾有刮痕或者伤口，必须用无菌纱布缠好，以免发生感染。

鹤叔教你学药理

碘伏治疗甲沟炎的机理:

碘伏适用于皮肤消毒,有很好的消毒作用,可杀灭甲沟炎致病细菌。与酒精相比,碘伏在消毒过程中引起的刺激疼痛较轻微,易于被病人接受。碘伏稀释后浓度比较低,没有任何腐蚀性。

莫匹罗星软膏治疗甲沟炎的机理:

莫匹罗星软膏具有强大的抗菌活性,特别是对金黄色葡萄球菌及链球菌有很强的杀菌作用,与其他抗菌药无交叉耐药性,适用于各种细菌性皮肤感染。莫匹罗星软膏最大的特点是有很好的穿透皮肤浅层的性能。甲沟炎患者涂药半小时可见患处形成薄膜样覆盖层,渗出减少或停止,炎症性红肿迅速消失,形成创口保护膜。

红霉素软膏治疗甲沟炎的机理:

红霉素软膏的主要成分是红霉素和黄凡士林,是一种大环内酯类抗生素,主要用于浅表性皮肤感染的治疗。凡士林不仅能使红霉素软膏具有一定的滋润作用,还可以使患处免于继发性的感染。

麻疹

麻疹是什么？

麻疹属于儿科的常见病，是由麻疹病毒感染引起的急性发疹性呼吸道传染病。主要通过飞沫传播，潜伏期末至出疹后 5 天均具有传染性，每年开春时易得。6 个月内的婴儿可受母传抗体的保护，因此，麻疹多见于 6 个月～ 5 岁幼儿。麻疹的特征性表现有持续咳嗽、高热，嘴里有发灰色的小疱（口腔麻疹黏膜斑）。除了发热、流涕、咽部肿痛等常见的流感症状，麻疹患者眼部的症状最为突出，会出现结膜发炎、眼睑水肿、眼泪增多、畏光等。如不及时治疗，麻疹会合并肺炎，严重时并发脑膜炎，令患儿和家属更加痛苦。如果接种过麻疹疫苗，那么症状较未接种者会轻。麻疹散在，色淡，不留色素沉着，可无麻疹黏膜斑。

麻疹的分期

前驱期：起病到出疹 3 ～ 5 日，主要表现为发热、上呼吸道卡他症状，可见麻疹黏膜斑；麻疹黏膜斑在发疹前 24 ～ 48 小时出现，为 1 毫米左右的灰白色的小点，周围可见红晕。在一天内就会增多累及整个颊黏膜及唇黏膜，黏膜斑在出疹后就逐渐消失，留有暗红色小点。

出疹期：发热 3 ～ 4 天后，皮疹首见于耳后发际，逐渐累及耳前、面颊、前额、躯干及四肢，最后抵达手足心，2 ～ 5 日遍布全身。皮疹初为淡红色斑丘疹，其直径在 2 ～ 5 毫米，分布稀疏不规则，疹间皮肤正常。此时全身中毒症状加重，出现高热，全身淋巴结肿大，肝脾肿大，肺部可有啰音，嗜睡或烦躁不安，咳嗽加重，结膜红肿，畏光等。

恢复期：皮疹出齐后按出疹的先后顺序消退，遗留有色素沉着伴糠麸样脱屑。此时全身中毒症状减轻，体温减退，逐渐康复。整个病程 10 ～ 14 天。

如何治疗麻疹？

☞ **常规疗法**

麻疹治疗主要强调护理和对症治疗，目前无特殊治疗方法。

（1）一般护理：隔离、休息、加强营养。将患儿安置于安静、舒适、通风良好的隔离病房，保持室内温度、湿度适宜。在出疹期间要给孩子吃富有营养、易消化、含高维生素类的食物，忌食生冷、油腻不易消化的食物及海鲜发物。每日少量多餐，多喝温开水，保持眼睛和口腔的卫生。

（2）对症治疗：高热时可用小剂量退热剂，但禁用糖皮质激素。患儿烦躁时，可适当给予苯巴比妥等镇静剂，细菌感染时可给予抗生素。

（3）中医中药治疗：透疹解表，葛根升麻汤加减、芫荽（香菜）汤口服。出疹期用银翘散加减。

（4）预防：主要是接种麻疹减毒活疫苗。

♥ **鹤叔疗法**

（1）观察孩子的精神活跃状态：只要状态良好就没事。如果没有特别重的症状，可以吃点板蓝根颗粒。大点的孩子吃半包，小点的孩子吃小半包，一天3次。

（2）利巴韦林、阿昔洛韦等这类药意义不大，只能起到干扰病毒繁殖的作用。

▶ **生活指导**

（1）做好孩子的皮肤护理：衣被穿盖适宜，忌捂汗，出汗后应及时擦干汗液并更换衣被，做好保温。在条件允许的情况下，每日用温水擦浴一次（忌用肥皂水），腹泻的孩子注意臀部清洁，剪短指甲，以防抓伤皮肤继发感染。如透疹不畅，可用新鲜芫荽(香菜)煮水服用并抹在患处，以促进血液循环，利于透疹，注意防止烫伤。

（2）口腔护理：注意保持口腔清洁卫生，患儿每日需用生理盐水漱口数次，口唇干裂者可涂润滑油。

（3）眼部护理：分泌物多时可用等渗生理盐水清洗3～5次。清洗后适当用氯霉素眼药水滴眼，每日3次。

（4）室内环境：注意室内光线强度，不宜过强，可选用有色窗帘进行遮光，以防强光刺激孩子的眼睛。

鹤叔教你学药理

板蓝根治疗麻疹的机理：

（1）板蓝根为十字花科菘蓝属植物，主要药理作用有抗肿瘤、抗菌消炎、提高免疫等。临床上常用于治疗温毒发癍、高热头痛、烂喉丹痧、疮肿、水痘、麻疹、肝炎、流行性感冒等病症。

（2）板蓝根的抗病毒作用：板蓝根对柯萨奇 B3 病毒、麻疹病毒、肾综合征出血热病毒、乙型脑炎病毒、腮腺炎病毒、单纯疱疹病毒以及乙型肝炎病毒均有抑制作用。

水痘

水痘是什么?

水痘是由水痘－带状疱疹病毒初次感染引起的发疹性急性呼吸道传染病,主要通过空气、飞沫传播,也可通过直接接触水痘疱液或被其污染的物品传播。水痘经常在儿童聚集处（如幼儿园等场所）流行,5～9岁的儿童是高发人群。一年四季都可能发生,冬季与春季多发。

在水痘的潜伏期,患儿可能出现发热、哭闹不安、食欲下降、腹痛等前驱症状。1～2天后成批出现斑疹、丘疹、疱疹、结痂等皮疹,水疱从米粒大小到豌豆大小,表面紧张发亮,周围有一圈红晕,如果水疱中间出现一个像肚脐似的小窝,基本就可以确诊。因其疱疹内含清亮如水液体,状如豆粒,故称"水痘"。皮疹呈向心性分布,以躯干为主,面部及四肢较少。水痘除了出现在皮肤,还会出现于口腔、咽部、眼睑、外生殖器、肛门等处。

这种疹子会比较痒，因此患儿会不自觉地去抓挠，抓破之后会导致细菌感染，很可能会留疤，所以家长应格外注意。

水痘传染性强、起病急，但容易恢复，少数抵抗力差的患儿会出现脑炎、肺炎、败血症等并发症。近年来成人得水痘病例也逐渐增多，引起人们的广泛关注。成人水痘的前驱期长、全身症状重，出现并发症的概率也比儿童高。

如何治疗水痘?

水痘为自限性疾病，一般 2 周内可痊愈，主要是对症治疗。

☞ 常规治疗

（1）接种疫苗：这是小儿水痘最好的预防措施。水痘减毒活疫苗可有效预防小儿水痘的发生，保护效力可达 85% ~ 95%，并可持续超过 10 年，2 岁以上儿童均可接种。

（2）局部治疗：疱疹无破溃可外用炉甘石洗剂止痒。若水疱破裂，要及时涂抹相应药物，如 1% 甲紫溶液、阿昔洛韦软膏。

（3）抗感染治疗：针对有继发细菌感染的患儿，可以使用青霉素等抗生素。

（4）其他治疗：发热期应卧床休息，给予退热处理；皮肤瘙痒明显，可考虑口服抗组胺药。

❤ 鹤叔疗法

（1）服用板蓝根抗病毒。

（2）如何防止留疤：水痘在鼓硬疱的时候最痒，一旦挠破了就会留疤。预防要注意两点：一是防感染，可以抹甲紫溶液或碘伏，一般 4～5 天水痘会收敛变干，再过 4～5 天就会脱落；二是防抓挠，可以服用止痒药，如扑尔敏，每天 3 次。

（3）如果患儿退烧了还是没精神，有可能是病毒入脑，这时一定要去医院。

（4）成人和小孩的治疗方法一样。

► 生活指导

（1）对患儿要及时采取隔离措施，要一直持续隔离到疱疹全部结痂。同时为防止交叉感染，患儿家中成员最好戴口罩，用流水加肥皂液勤洗手。

（2）禁止抓挠水痘，及时修剪指甲，婴幼儿可戴手套以防止搔抓；疱疹结痂后应让其自行脱落，不要强行撕脱，以免引发感染或留疤。

（3）低热的患儿可用温水擦浴，多饮水，卧床休息。

（4）室内要注意空气流通、干净。对染有水痘疱液的被褥、毛巾、玩具、餐具等，分别采取洗、晒、烫、煮的方式来消毒。

（5）出痘期间，以清淡食物为主，多饮水，食用新鲜的瓜果蔬菜；尽量不要食用羊肉、龙眼、荔枝、炒花生、炒瓜子等。

（6）水痘流行季节尽量不要去人群密集的场所，降低被传染的风险。

鹤叔教你学药理

板蓝根治疗水痘的机理：

板蓝根是公认的有抗病毒效果的中药，具有清热解毒、凉血、利咽的功效。现代药理学研究证明，板蓝根能够有效杀灭体内的病毒，防止病毒的传染，清除人体内毒素和过氧化自由基，避免体温不正常升高。

甲紫治疗水痘的机理：

甲紫有消毒和收敛作用，一方面能有效地防止破溃疱疹发生感染；另一方面还有吸附作用，使水疱内的水分被吸收变干涸，促进破溃疱疹的干燥结痂，并对革兰阳性菌有较强的杀菌作用，而且无刺激性，不良反应小。

碘伏治疗水痘的机理：

碘伏为高效低毒的广谱杀菌消毒剂，对细菌繁殖体、细菌芽孢、病毒、真菌及霉菌孢子均有很强的杀灭作用，而且也有较强的收敛作用，能促进疱疹结痂，对皮肤黏膜无刺激、无腐蚀性，使用方便。

扑尔敏治疗水痘的机理：

扑尔敏是俗称，学名叫马来酸氯苯那敏片，属于第一代抗过敏药物，有四五十年的历史，既可以用于儿童，也可以用于成人和老人，其主要功效就是止痒和抗过敏。不良反应是吃了以后会打瞌睡，所以吃药以后一定不要开车外出。

带状疱疹

带状疱疹是什么?

带状疱疹是由于水痘－带状疱疹病毒感染而于身体单侧出现红斑基础上带状成簇水疱,并伴随明显神经痛的急性感染性皮肤病。该病毒以侵犯神经末梢及其支配的皮肤为主,病变常在身体一侧呈带状分布,不超过正中线。带状疱疹好发于中老年人及免疫力低下者,患者常感觉患处皮肤灼热、疼痛,并伴随不同程度的发热、烦躁易怒、纳差、恶心呕吐等全身症状。部分患者皮损消退后会遗留顽固性带状疱疹后遗神经痛,常持续数月或更长时间。

如何治疗带状疱疹?

西医以抗病毒、营养神经、消炎止痛为主要治疗手段。中医治疗以清热利湿、行气止痛为原则。

☞　常规治疗

（1）针刺治疗：如刺络拔罐、火针、毫针。

（2）糖皮质激素疗法：年龄大于 50 岁、出现大面积皮疹及重度疼痛、累及头面部的带状疱疹、疱疹性脑膜炎及内脏播散性带状疱疹可使用糖皮质激素。

（3）抗病毒药物：如阿昔洛韦、泛昔洛韦、聚肌胞注射液、干扰素。

（4）局部药物：如炉甘石洗剂、甲紫溶液、酞丁安搽剂。

♥　鹤叔疗法

（1）强的松片：预防带状疱疹后遗神经痛，从水疱出来开始算起，每天早上吃一次，一次 15 毫克（3 片），连吃 7 天后停掉，治疗效果非常好。

（2）带状疱疹发病期间，患者可以吃镇痛药阿米替林，外用炉甘石洗剂、甲紫溶液、黄连素水都可以，但这些都是次选。带状疱疹属于自限性疾病，在发生发展到一定程度后，靠机体自身的调节能力能够得到控制，一段时间后便可逐渐好转恢复。

（3）有糖尿病、高血压并发症的患者应在医生指导下用药。

▶　生活指导

（1）避免摩擦：保持皮肤清洁，内衣应每日更换，换洗衣物用开水烫洗晾干。日常穿棉质宽大的衣服，减少对皮损区的摩擦。水疱已破溃的局部应暴露在外，避免局部摩擦受损。

（2）禁止搔抓，以免皮损加重引起继发感染。

（3）有些患者创面已愈合，但可能会遗留神经痛，持续几个月甚至更长的时间，必要时可遵医嘱服用镇痛药。

（4）保持心情愉快，避免不良刺激，适当参加体育锻炼，提高机体自身免疫力。

🧴 鹤叔教你学药理

强的松治疗带状疱疹的机理：

带状疱疹治愈后的后遗症，主要是神经痛，这与脊髓后根神经节受损有关。临床上主要选用激素治疗。强的松，又称"泼尼松"，具有抗炎、抗过敏作用，能降低毛细血管通透性，减少渗出，缓解炎症反应，同时具有抗病毒、抗增生和抗休克及免疫抑制作用。

阿米替林治疗带状疱疹的机理：

阿米替林为三环类抗抑郁药，其作用在于抑制5-羟色胺和去甲肾上腺素的再摄取，通过调节精神神经功能和中枢神经痛觉系统而发挥作用。

甲紫溶液治疗带状疱疹的机理：

甲紫溶液属于三苯甲烷类染料消毒剂，和微生物酶系统产生的氢离子形成竞争性的对抗。甲紫可以起到杀菌的作用，主要对一些细菌有抑制作用，比如，白喉杆菌、绿脓杆菌、白色念珠菌、表皮癣菌。

传染性软疣

传染性软疣是什么？

传染性软疣俗称"水瘊子"，是一种由传染性软疣病毒引起的自身接种性皮肤病。本病分布广泛，全世界均有发病。可发生于任何人群，常见于儿童，但少见 1 岁内婴儿发病。传染性软疣通过直接接触和自体接种传播，学生等集体生活者发病率较高。一般潜伏期为 14 天 ~ 6 个月，初期的临床表现为针尖至绿豆大小的半球状皮色丘疹，表面有蜡样光泽，中央呈脐窝状，随后逐渐增大至豌豆大小，挤之可排出白色乳酪状软疣小体。传染性软疣的丘疹数目不等，可有数个至数十个，常散在，互不融合。好发于躯干、四肢、肩胛、阴囊和肛门等处。无自觉症状，慢性病程，愈后不留瘢痕。

如何治疗传染性软疣?

☞ 常规治疗

本病以外用药治疗为主，软疣多者可选用抗病毒药。

（1）钳除法：这是一种经典且至今仍最常使用的疗法，方法是用小血管钳夹住疣体后拔除，然后涂 2% 碘酊或三氯醋酸并压迫止血。不可在家中自行操作。

（2）冷冻疗法或激光疗法：去除疣体。

（3）化学药物疗法：一是使用 10% 氢氧化钾水溶液涂于皮损上，每日 2 次；二是使用苯酚，治疗时用棉签蘸上苯酚药液后对准皮损逐个点药，不可在家中自行操作。

♥ 鹤叔疗法

（1）用镊子夹掉，或者先用针挑破再用镊子把白芯挤掉，最后用碘伏擦。一发现就要及时全部清掉，千万别耽误。第一次清完，后面两周可能还会长出来，因为还有藏在下面没有发出来的，所以要继续清除，一般三周左右就不会再出了。

（2）家中使用的被褥、内衣和毛巾，均需要进行烫洗。将衣物、床品放在一个大盆里，把开水浇进去，每周 1 次。放凉之后再放进洗衣机清洗。因为 84 消毒液、酒精都不能完全消杀干净，必须用开水烫洗才可以。

（3）传染性软疣由于没有侵犯到真皮层，所以不用担心留疤问题。使用碘伏治疗时也不会留下色素沉着。部分颜色有时应是表皮的着色，过段时间就会消失。

▶ **生活指导**

（1）为防止接触感染，皮损消退之前，患者应避免去游泳池、公共浴室等场所。

（2）避免搔抓，以免扩散传染，同时注意个人卫生，不共用浴巾，内衣要用开水烫洗消毒。

（3）洗澡时不要用力搓澡，一旦搓破，病毒就会传播开来，长出更多软疣。

鹤叔教你学药理

碘伏治疗传染性软疣的机理：

碘伏是聚乙烯吡咯烷酮和单质碘加表面活性剂络合而成，在接触创面后解聚释放出所含的碘，并可深入到感染深层，有杀菌、抗病毒的作用，刺激性、毒性比碘酊小。使用时，患者仅感觉局部轻微刺激，即使是幼儿也能耐受，且疗效显著。

单纯疱疹

单纯疱疹是什么？

单纯疱疹是由单纯疱疹病毒感染引起的皮肤病，可通过直接或间接接触传播，多见于幼儿，尤其是 6 个月 ~ 3 岁的孩子最易患上单纯疱疹。临床表现因人而异，儿童最常见的是口周单纯疱疹，一般是由于感染了 1 型单纯疱疹病毒。少数患者可出现疱疹性龈口炎，即口周、咽部出现簇集状的小水疱并伴有疼痛、发热及局部淋巴结肿大。若新生儿患单纯疱疹，多数是由 2 型单纯疱疹病毒经产道感染所致，轻者仅为口腔、皮肤、眼部疱疹，重者则呈中枢神经系统感染甚至全身播散性感染。单纯疱疹具有一定的传染性，一旦发现孩子出现单纯疱疹症状，要及时就诊。

单纯疱疹的分型

原发型单纯疱疹：包括口腔疱疹、眼疱疹、甲周疱疹（瘭疽）、皮肤疱疹、疱疹性湿疹、新生儿疱疹、疱疹性脑膜脑炎等。

复发型单纯疱疹：原发感染恢复后，在机体抵抗力降低时，原潜伏于身体感觉神经节内的病毒被激活，并开始重新增殖，最终引起相应部位的单纯疱疹复发。

如何治疗单纯疱疹？

☞ 常规治疗

单纯疱疹的病程有自限性，1 周左右即可痊愈。但儿童因为免疫力低下，病情容易反复发作，所以需要药物辅助治疗。

（1）外用药：局部使用阿昔洛韦乳膏或酞丁安乳膏等药物治疗，继发感染时可用新霉素霜、莫匹罗星软膏等。

（2）口服药：需在医生的指导下口服抗病毒药物，如阿昔洛韦或泛昔洛韦等，也可联合使用玉屏风等中成药。

♥ 鹤叔疗法

（1）单纯疱疹为病毒感染，应注意个人卫生，防止继发感染。

（2）可涂抹红霉素、金霉素软膏。在用药的过程中，一定要遵医嘱，平时不要吃辛辣刺激的食物，尽量多吃清淡易消化的食物，多喝水，保持皮肤清洁干燥，有利于康复。

▶ 生活指导

（1）儿童在饮食上一定要注意禁食海鲜及辛辣刺激性食物，避免进食含有精氨酸的食物，可直接补充赖氨酸或者适量食用富含赖氨酸的食物，多吃富含维生素的食物。

（2）不要与患有单纯疱疹的病人接触，或者共用器皿、毛巾、剃须刀等；触摸单纯疱疹后应及时洗手，不要揉眼睛。

（3）定期更换牙刷或毛巾等，防止疱疹病毒传播。

🧴 鹤叔教你学药理

金霉素治疗单纯疱疹的机理：

金霉素抗菌作用机制与其他四环素类抗生素相似，主要是影响细菌或其他微生物的蛋白质合成。金霉素抗菌谱与四环素相同，对金黄色葡萄球菌、化脓性链球菌、肺炎链球菌等具有良好抗菌活性。此外，金霉素对立克次氏体、沙眼衣原体和肺炎支原体也有较好抑制作用。

红霉素治疗单纯疱疹的机理：

红霉素对革兰阳性菌有强大抗菌作用，包括金黄色葡萄球菌、肺炎链球菌、白喉杆菌及梭状芽孢杆菌；对革兰阴性菌如脑膜炎奈瑟菌、淋病奈瑟菌、流感嗜血杆菌、百日咳鲍特菌、布鲁菌有较强抗菌作用；对嗜肺军团菌、支原体、衣原体、立克次氏体、螺旋体也有抗菌作用。

风疹

风疹是什么?

风疹是指由风疹病毒引起的发疹性急性呼吸道传染病。风疹多半发生在冬春季,以儿童为主,12岁以下儿童发病偏多。发病初期主要症状为发热,伴有头痛、咳嗽、咽痛、流涕、食欲不振等前驱症状,在发热后一天左右会出现皮疹。皮疹最先出现于头、面部,后逐渐蔓延至躯干及四肢,大约1~2天就会出齐。皮疹表现为丘疹、斑丘疹,还会伴有耳后淋巴结肿大和轻微的呼吸道症状。

风疹的分型

获得性风疹:有14~21天的潜伏期,此时,患者一般没有明显的症状。前驱期在不同年龄段表现不同:对于幼儿,前驱期症状往往较轻微，或无前驱期症状；但是对于青少年患者，前驱期症状则较显著，主要表现为低热或者中度的发热、头痛、食欲减退、疲乏、咳嗽、打喷嚏、流鼻涕、咽痛、结膜充血等上呼吸道症状，可持续 5 ~ 6 天。同时一般在发热 1 ~ 2 天之后出疹，刚开始往往出现在面、颈部，然后迅速扩散到躯干、四肢，1 天之内布满全身，表现为斑疹、斑丘疹，直径大概 2 ~ 3 毫米。进入消退期，一般皮疹维持 3 ~ 5 天，还可以伴随耳后、枕后、颈部淋巴结肿大。

先天性风疹综合征：系母亲孕期感染风疹病毒，病毒通过胎盘感染胚胎而致先天性缺陷，可表现为一过性、永久性畸形或晚发疾病。多数先天性风疹患者于出生时即具有临床症状，但有部分患者于出生后数月至数年才出现进行性症状和新的畸形。

如何治疗风疹？

☞ 常规治疗

（1）对症治疗：

针对症状轻微者，不需要特殊治疗，应卧床休息，避免直接吹风加重病情。

针对症状比较明显的患者，需要食用半流质或者流质饮食。

出现高热、头痛、咳嗽的患者，应该及时对症处理。针对发热可使用尼美舒利进行退热，针对皮疹可外用炉甘石洗剂或口服赛庚啶片。

（2）治疗并发症：风疹伴有高热、嗜睡、昏迷、惊厥者，应按流行性乙型脑炎的原则治疗。

（3）治疗先天性风疹综合征：无症状感染者无须特别处理，有严重症状的患儿应做相应处理。

❤ 鹤叔疗法

（1）发热时，可以使用解热镇痛类的药物，如尼美舒利，同时需化验一下血常规和 C 反应蛋白的情况，对症处理；也可以配合物理降温的方法降低体温。

（2）避免搔抓，止痒后直接涂抹药物，如炉甘石洗剂；也可口服抗组胺药，如赛庚啶片。

▶ 生活指导

（1）风疹病人应保持卧床休息，补充维生素及易消化食物，如菜末、米粥等；忌食油腻、蛋白含量高的食物，如肉、蛋、奶等；注意皮肤清洁卫生，防止继发性细菌感染。

（2）可以接种风疹疫苗。风疹疫苗属于减毒活疫苗，单剂接种可获得 95% 以上的长效免疫力。

（3）孕妇应避免与风疹患者密切接触。因为孕妇早期感染风疹病毒后，病毒可通过血胎屏障感染胎儿，无论发生显性或隐性感染，均可导致以婴儿先天性缺陷为主的先天性风疹综合征。

🧴 鹤叔教你学药理

尼美舒利治疗风疹的机理：

尼美舒利是一种非甾体消炎药，对环氧化酶 −2 有选择性抑制作用。体内试验表明其具有抗炎、解热和镇痛作用，可用于治疗风疹引发的发热和炎症等。

炉甘石洗剂治疗风疹的机理：

炉甘石洗剂适用于急性瘙痒皮肤病，它所含的炉甘石和氧化锌具有收敛、保护作用，可用于治疗风疹引发的皮疹和瘙痒。

赛庚啶片治疗风疹的机理：

赛庚啶片是一种强效抗组胺药，具有显著的抗 5− 羟色胺与抗胆碱作用，具有疗效好、见效快、不良反应小等特点。

幼儿急疹

幼儿急疹是什么?

幼儿急疹又称"婴儿玫瑰疹",是婴幼儿感染人类疱疹病毒6型引起的发热性出疹性疾病。其特点是在发热 3 ~ 5 天后热度突然下降,皮肤出现玫瑰红色的斑丘疹,随后病情逐渐缓解,如无并发症可很快痊愈。但由于人类疱疹病毒 6 型有亲神经性,可致高热惊厥,甚至侵入中枢神经系统引起颅内感染。

如何治疗幼儿急疹?

幼儿急疹为自限性疾病,以对症支持治疗为主。

☞　常规治疗

（1）轻型急疹患儿可先予以卧床休息处理，补充适量水分及营养丰富易消化的食物。

（2）高热时可给予物理降温或小剂量退热剂，哭闹烦躁时及时进行安慰，若发生惊厥则及时止惊。

（3）有免疫缺陷的婴幼儿或病情严重者，应及时前往医院进行治疗。

♥　鹤叔疗法

（1）阿昔洛韦片：抗病毒药，2 岁以上儿童出现症状应立即治疗，按患儿体重一次 20 毫克 / 千克，一日 4 次，共 5 日；体重 40 千克以上儿童为一次 0.8 克，一日 4 次，共 5 日。

（2）对乙酰氨基酚：退热药，在使用期间需要定期监测患者的体温。药物使用的间隔不能小于 4 小时，否则容易引起药物不良反应。在使用期间建议多喝水，以免退热时大量出汗引起脱水。

（3）局部皮肤瘙痒可以涂抹炉甘石洗剂，也可以涂抹阿昔洛韦凝胶进行抗病毒治疗。

► 生活指导

（1）幼儿急疹期要多休息，不要剧烈活动。休息的地方应保持安静及空气流通。被子不宜盖得太厚，保证散热。

（2）幼儿急疹期应适当多饮水，适当提高维生素的摄入，利于出汗或者排尿。

（3）注意孩子的皮肤清洁，定期给孩子擦去身上的汗渍，既防止着凉，同时防止出疹后的皮肤感染。

（4）体温超过39℃时，应在医生的指导下用对乙酰氨基酚或者布洛芬给予退热治疗，防止热性惊厥。

🧴 **鹤叔教你学药理**

阿昔洛韦片治疗幼儿急疹的机理：

阿昔洛韦片进入被疱疹病毒感染的细胞后，被磷酸化成活化型阿昔洛韦三磷酸酯，然后通过抑制病毒复制从而达到治疗的目的。该药对病毒有特殊的亲和力，但对哺乳动物宿主细胞毒性低。

对乙酰氨基酚治疗幼儿急疹的机理：

该药为非甾体类的抗炎药，具有解热、镇痛、抗炎的功效。

用于高热退热时，效果是非常好的。

　　炉甘石洗剂治疗幼儿急疹的机理：

　　炉甘石洗剂是一种呈现为粉色混悬液的皮肤外用化学制剂，功效上具有收敛和保护皮肤的作用。但涂抹时应注意皮肤是否有破损，如有破损则不能使用。

扁平疣

扁平疣是什么？

扁平疣，俗称"扁瘊"，是人乳头瘤病毒（HPV）感染引起的皮肤良性赘生物。初起可见浅褐色或正常肤色扁平隆起丘疹，米粒至绿豆大小，长期存在可融合成片。扁平疣常见于面部、手背及前臂等暴露部位。具有一定的传染性，但一般自觉无症状。往往具有自愈性，部分患者的患处可在 2 年内自然消退，但也有患者的患处持续多年不愈。

如何治疗扁平疣？

☞ 常规治疗

（1）抗病毒药物：如聚肌胞注射液、干扰素等。

（2）免疫调节药物：卡介菌多糖核酸注射液联合液氮冷冻、胸腺肽联合其他药物等。

（3）针灸治疗：穴位注射、体针、火针灸法。

（4）局部药物：如维 A 酸类药物。

（5）激光治疗：如光动力疗法。

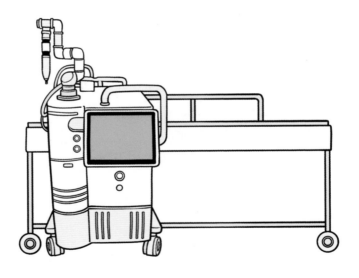

♥　鹤叔疗法

（1）碘伏：扁平疣是由 HPV 病毒 3 型、8 型、10 型引起的，其病毒免疫细胞不能杀灭，但因为扁平疣是暴露在皮肤上的，所以可以用碘伏治疗。小孩用碘伏治愈率在 50% 以上，因为小孩角质层只有 7 ~ 8 层，比较薄，碘伏渗进去直接就把病毒杀死了。而成人的角质层有 15 层左右，需要先把表皮打薄，用乌鱼骨磨薄，每天抹 3 ~ 5 次碘伏，成人治愈率在 1/3。在快好的时候患处会有点痒、红肿，接着抹就可以。注意，眼周的扁平疣不能用碘伏，因为眼周的皮肤比较娇嫩，容易引起刺激反应。

（2）当上述方法无效时，或眼周发生扁平疣，只能用激光去除。激光痊愈率达 94.29%，有效率为 100%，治疗面部扁平疣效果好、不良反应小、安全性高，不影响美观。

（3）还可以抹 5- 氟尿嘧啶或鸦胆子，但是它们具有强腐蚀性，会损伤皮肤表面，形成坑洼。

▶　生活指导

（1）扁平疣具有传染性，患者应该注意个人卫生，忌与他人共用清洁用具；不宜搔抓或抠剥疣体，也不宜过度搓洗以免造成自身接种。同时扁平疣病程慢，治疗所需要的时间较长，一般最快需要 2 ~ 3 个月，患者治疗期间心态要乐观，有耐心、毅力。

（2）维生素的补充及摄入有利于疾病的预后，应多吃蔬菜、水果等。

（3）不要使用激素类药物，以免造成泛发。

🧴 鹤叔教你学药理

碘伏治疗扁平疣的机理：

碘伏具有广谱杀菌作用，也可杀灭部分病毒，因此，在临床上用作杀菌消毒剂，可用于皮肤、黏膜的消毒和治疗皮肤感染等。碘伏引起的刺激疼痛较轻微，易被病人接受，而且不会引起皮肤色素沉着。扁平疣主要是 HPV 病毒 3 型、8 型、10 型引起的，对碘伏敏感。成人表皮比较厚，用药之前要把扁平疣泡软磨薄。

激光治疗扁平疣的机理：

超脉冲二氧化碳激光治疗扁平疣主要通过高能量光气化、烧灼来去除表皮赘生物，并封闭创面，形成保护层，治疗深度可精确掌握，不会对真皮层造成损伤，故感染概率低，术后不会留下明显瘢痕。加之二氧化碳激光穿透力较弱，不损伤深层组织，痛苦小，无明显瘢痕遗留。

鸦胆子治疗扁平疣的机理：

鸦胆子为苦木科植物鸦胆子的果实。鸦胆子仁是一种细胞毒性物质，能使组织细胞发生退行性变与坏死，其外用于扁平疣能使疣体表面增厚的角质层坏死脱落。鸦胆子需由患者自行去壳捣碎，方法简单易操作，且价格低廉、见效快，因此，患者依从性好。

寻常疣

寻常疣是什么？

寻常疣是人乳头瘤病毒感染皮肤黏膜引起的良性赘生物，老百姓俗称"刺瘊""瘊子"。发病率较高，主要见于儿童、青壮年及免疫功能低下人群。初起皮疹为肤色或淡褐色质硬丘疹，半圆形隆起、黄豆粒大小，而后疣体不断变大，表面增生如菜花状，触摸有粗糙感，多为单个存在，但也可逐渐增多至数个或数十个。寻常疣可发生于身体任何部位，常好发于手指、手背、足缘、生殖器、肛周等处，其他如面部或躯干亦可散在分布，易导致皮肤功能障碍、疼痛和形象破坏，影响身心健康。寻常疣具有传染性，用手触摸疣体，然后触碰身体其他部位可导致疣的自身传播，他人直接接触患者的患处或与患者共用毛巾等个人物品也可导致疣的传播。

寻常疣的分类

根据发病部位和临床表现分为跖疣、甲周疣、丝状疣和指状疣。

跖疣：发生在足底的寻常疣，皮损为圆形乳头状角质增生，削去表面角质层，其下可见疏松角质软芯及毛细血管破裂所致的小黑点。

甲周疣：生长在甲周或甲下的寻常疣，也称为甲下疣，可使甲床破坏、指甲变形。

丝状疣：好发于眼睑、颈部、额头等处，为单个细软的丝状突起，正常肤色或棕灰色。

指状疣：在同一个柔软的基底上发生一簇参差不齐的多个指状突起，其尖端为角质样物质，数目多少不等。常发生于头皮，也可发生于指（趾）间、面部。

如何治疗寻常疣？

寻常疣可在没有治疗的情况下自然消退，因此，有时无须治疗。如疣体数目较多或疼痛明显，则需就医。治疗方法以破坏疣体、调节局部皮肤生长及免疫反应为主要手段，目前以物理治疗和外用药物治疗为主。

☞　常规治疗

（1）物理治疗：包括液氮冷冻治疗、电灼治疗、激光治疗、微波治疗、同位素局部敷贴治疗等。

（2）药物治疗：常用药物包括维 A 酸、水杨酸、咪喹莫特、氟尿嘧啶等。

♥ **鹤叔疗法**

（1）丝状疣：长在脖子上的丝状疣治疗起来比较简单，可以用电刀、激光切掉。因为疣体根部小，基本不会留疤。由于碘伏较难渗进疣体发挥作用，所以碘伏的治愈率不到10%，不建议用碘伏。

（2）跖疣和甲周疣：这两个地方不建议用激光，跖疣用激光会影响正常走路且易感染，甲周疣用激光会影响指甲生长。建议用鸡眼膏，在鸡眼膏中间的红色水杨酸上放一粒高锰酸钾片，24小时换一次，疣体会变黑，最多用2天，时间长了会腐蚀皮肤留疤。提醒大家注意，治疗千万别贪快，皮肤薄嫩的地方用一天就停，如果治疗不彻底，过几天再用一次，一定要掌握分寸。

▶ **生活指导**

（1）避免搔抓患处，减少局部皮肤刺激，防止扩散。

（2）保持局部皮肤的清洁干燥。

（3）生活规律，劳逸结合，加强身体锻炼，提高机体抵抗力。

（4）避免与他人共用毛巾、拖鞋等个人物品。

（5）避免擅自使用药物进行治疗，很多外用药物有很强的刺激性，可能会导致疣体迅速滋生。

🔖 鹤叔教你学药理

鸡眼膏治疗寻常疣的机理：

鸡眼膏又称水杨酸苯酚贴膏，水杨酸具有抗真菌、止痒、溶解角质及较强的剥脱作用；苯酚为消毒防腐剂，具有杀菌、止痒作用，也可使液体渗透表皮，使角质层浸渍、肿胀，然后逐渐脱落。

高锰酸钾治疗寻常疣的机理：

高锰酸钾具有强氧化性，作用于菌体蛋白，破坏其结构，使之死亡。可有效杀灭细菌繁殖体、病毒和肉毒杆菌毒素。在用高锰酸钾治疗的过程中，注意观察腐蚀的程度，以免造成不必要的损伤和痛苦，也不致因腐蚀过浅而导致治疗失败。

头癣

头癣是什么?

头癣是由皮肤癣菌引起头皮和头发感染的真菌性皮肤病,主要是直接或间接接触患者或患病的动物而感染。头癣的发病率呈上升趋势,儿童因表皮较薄、皮脂腺发育不完善、接触猫狗等宠物的机会多等,而成为头癣的易感人群。头癣具有传染性,且如果发根毛囊受感染侵袭而被破坏则可导致永久性秃发、瘢痕,严重危害患儿的身心健康。

头癣的分类

根据病原菌和临床特征分为黄癣、白癣、黑点癣和脓癣四个类型。

黄癣:俗称"秃疮""瘌痢头",以往在我国农村流行最广,目前新发病例较罕见。初起毛根部皮肤发红，继而形成毛囊性小脓疱，干枯后成蜡黄色痂片，中心微凹，边缘翘起，中央有一根或数根头发穿出，剥去痂皮，其下为红色稍凹陷的糜烂面。如继发细菌感染，有特殊臭味，愈后留有萎缩性瘢痕、永久性秃发。

白癣：俗称"蛀发癣"，目前临床最常见，仅限于儿童。头皮可见灰白色鳞屑性斑块，圆形或椭圆形，界线清楚，日久扩大成片，头发干燥、稀疏、无光泽，断发松动易拔出，一般无自觉症状，偶有轻度瘙痒。白癣到青春期可自愈，愈后不留瘢痕。

黑点癣：儿童、成人均可感染，仍以儿童较多见。头皮有散在点状红斑，逐渐发展成大小不一的灰白色鳞状斑片，头发长出头皮后即折断，留下残发在毛囊口，呈黑色小点状。炎症反应轻微，自觉微痒，合并细菌感染可继发形成脓癣。

脓癣：多为白癣或黑点癣继发感染而形成，也可由糖皮质激素外用制剂的使用不当诱发。典型表现为一个至数个圆形暗红色、浸润性或隆起的炎性斑块，表面密集毛囊性小脓疱，挤压可排出少量脓液，可有不同程度的疼痛，毛发松动易断。常有瘢痕形成，可导致永久性秃发。

如何治疗头癣？

☞　常规治疗

（1）剪发：尽可能地将病发剪除。

（2）洗头：每天用硫磺皂、2%二硫化硒洗剂或2%酮康唑洗剂洗头，连续洗1～2个月。

（3）涂药：外搽2.5%碘酊、5%硫磺软膏、咪康唑、联苯苄唑、特比萘芬等抗真菌类外用制剂。

（4）口服抗真菌药：如灰黄霉素、伊曲康唑、特比萘芬、酮康唑等，要足剂量足疗程。

（5）若为脓癣，患者在口服抗真菌药物外，急性期可在医生的指导及观察下短期口服小剂量糖皮质激素。如果脓癣合并有细菌感染，需在医生的指导及观察下加口服抗生素，同时注意不宜切开引流。这点与众不同。脓癣在真菌学检查呈阴性后可以停止口服抗真菌药物，停药后定期复查，连续2～3次真菌学检查呈阴性后方可判定为治愈。

♥ 鹤叔疗法

用碘伏治疗头癣：碘伏能够顺着角质层向下渗透，杀死真菌。真菌孢子虽然带硬壳，碘伏也能发挥作用，只是时间需要长一点。另外，用碘伏也可治疗猫癣、狗癣，因为它们同属于真菌性皮肤病。

► 生活指导

（1）对头癣患者的衣服、帽子、毛巾、枕巾、被子、理发用具等都应该进行煮沸消毒，家中的地毯等可用含氯消毒剂消毒，对带菌的毛发直接焚毁处理。

（2）对于儿童这一特殊群体，应养成并保持良好的卫生习惯，避免共用梳子、帽子、围巾等生活用品；学校单位应对儿童的头皮情况进行监测，如果发现头癣患者应及时进行隔离治疗。

（3）家长应该重视宠物卫生，及时检查家养动物的癣病等问题。发现宠物有癣症的时候，应该注意自身及家人的卫生。可使用1%的联苯苄唑溶液喷洒患病的小宠物，对污染物品进行消毒灭菌，切断传播途径。

鹤叔教你学药理

碘伏治疗头癣的机理：

碘伏属于杀菌消毒剂，在医疗领域以及日常生活中都可以用来杀菌消毒，可以杀灭大部分的细菌、真菌及病毒。碘伏的杀菌效果很强，可以在很短的时间内就把细菌繁殖体全部杀灭。碘伏的毒性比较小，对皮肤的刺激性小。碘伏可用于皮肤、黏膜的消毒，也可处理烫伤、治疗皮肤细菌感染等。

体癣和股癣

体癣和股癣是什么？

体癣是由致病真菌寄生在除掌跖、毛发、甲板以及阴股部以外的皮肤所引起的浅表性皮肤真菌感染。股癣是由真菌侵犯腹股沟内侧所致环状或半环状皮损，实际是体癣在阴股部位的特殊类型。常由红色毛癣菌、絮状表皮癣菌、铁锈色小孢子菌引起。本病通过直接或间接接触患者污染的澡盆、浴巾引起，也可由自身的手癣、足癣、甲癣等感染蔓延引起。本病在温热潮湿的季节多发，多汗者尤易发病。由于每个患者的体质和抵抗力不同，体癣的皮疹形态各异：初期为红色丘疹或小水疱，继而形成有鳞屑的红色斑片，境界清楚，呈环状，俗称圆癣或钱癣，儿童的体癣可呈几个圈，彼此重叠形成花环状。股癣好发于腹股沟部位，也常见于臀部，皮损和体癣基本相同，自觉瘙痒，可因长期搔抓刺激引起局部湿疹样或苔藓样改变。

如何治疗体癣和股癣？

☞　常规治疗

本病以外用药治疗为主，皮损泛发或外用药物疗效不佳者可考虑系统用药。

（1）外用药物治疗：可用联苯苄唑溶液、复方苯甲酸软膏、1% 益康唑、3% 克霉唑霜、酮康唑等。对于儿童以及在腹股沟处皮肤娇嫩的部位，应选择刺激性小、浓度低的外用药，可适当用粉扑，保持局部清洁干燥。

（2）系统用药：对于全身泛发的体癣尤其是红色毛癣菌所致者，必要时可短期口服氟康唑、伊曲康唑等。

♥　鹤叔疗法

股癣是穿裤子时，脚蹬到裆部，脚上真菌传染到大腿根儿造成的，治疗方法还是那个口诀——"坐等还书"。

"坐等"是指各种唑类的药物，如联苯苄唑、酮康唑等；"还"是指环吡酮胺；"书"是指丙烯胺类的药物，如特比萘芬，药品名叫兰美抒。这三种药物轮换使用，可以避免耐药发生。

注意股癣不要用碘伏，因为裆部容易摩擦，会使皮肤损伤。除了用药以外，还需要烫洗可能接触真菌的衣服和床品，每周一次。

▶ **生活指导**

（1）自我注意：不和他人共用衣物鞋袜、浴盆、毛巾等，并对家中公共用具做定期的消毒。避免和患有癣病的小动物如猫、狗等密切接触。积极治疗，避免自身传染扩散。

（2）穿衣指导：内衣应该宽松、透气，以避免形成湿热环境。

（3）心理指导：股癣并不是性病，但由于长在隐私部位，往往会导致患者心情焦虑等，及时主动就医或观看科普视频，积极治疗，往往预后较好。

（4）饮食宜清淡、营养均衡，少吃辛辣刺激的食物。

鹤叔教你学药理

联苯苄唑治疗体癣的机理：

联苯苄唑为广谱抗真菌药，能抑制细胞膜的合成，对皮肤癣菌及念珠菌等有抗菌作用，适用于由皮肤真菌、酵母菌、霉菌和其他皮肤真菌如糠秕孢子菌引起的皮肤真菌病，以及由微小棒状杆菌引起的感染。

特比萘芬治疗的机理：

特比萘芬属于丙烯胺类抗真菌药，其作用靶位是角鲨烯环氧化酶，抑制角鲨烯转化为角鲨烯环氧化物，最终抑制真菌细胞膜麦角固醇的生物合成而起杀菌作用。

花斑糠疹

花斑糠疹是什么？

花斑糠疹，俗称"汗斑"，是一种由嗜脂性酵母——糠秕马拉色菌引起的慢性浅部真菌病。临床特征为：糠秕状脱屑斑散在或融合性地存在，同时伴有色素减退或加深。好发于躯干、腋窝等部位。中青年人多见。因色素减退或加深形成的斑点有碍美观，给不少患者造成一定的思想压力。

如何治疗花斑糠疹？

对于花斑糠疹，常采用抗真菌药物外用治疗。由于真菌性疾病均易复发，药物治疗应坚持达 4 周以上。但部分患者由于长期与花斑糠疹共存，依从性较差，导致病灶难以根除。部分长期复发、皮损广泛者，应在医生的指导下系统用药。

☞ 常规治疗

（1）局部用药：主要是一些常用的抗真菌药物，如1%联苯苄唑溶液，2.5%二硫化硒洗剂，2.5%酮康唑洗剂，以及丙烯胺类和三唑类抗真菌药。

（2）系统用药：主要是针对多次复发或皮损广泛的患者。这些患者往往因为长期多次大面积外用药但预后不好，最终依从性极差或者放弃治疗。针对这种情况，在医生的指导下系统用药，可以获得更好的治疗效果。

♥　鹤叔疗法

（1）碘伏：除了用药以外，还需要使用碘伏涂抹患处，同时需要烫洗可能接触真菌的衣服和床品，每周 1 次。

（2）酮康唑：一般外用 2.5% 酮康唑洗剂；口服酮康唑，每次 400 毫克，每周 1 次，连服 2 次。临床证实酮康唑口服、外用治疗花斑糠疹均有效。

（3）联苯苄唑：用 1% 联苯苄唑香波治疗泛发性花斑糠疹，连续 7 天，75% 的患者病情有改善。

▶　生活指导

（1）花斑糠疹的患者首先要保持衣物干净，内衣、内裤、被褥、床单、枕巾等要经常换洗及煮沸消毒，同时经常在阳光下暴晒，在通风处晾干。

（2）避免大量进食油类和脂质丰富的食物，控制油脂分泌。同时注意饮食和营养摄入，多吃些新鲜蔬菜和水果，少吃辛辣食物。

（3）运动、大量出汗后应及时清洗皮肤，避免真菌生长。日常注意休息，保持良好的免疫力。勤换衣物，保持皮肤干燥、凉爽。

🧴 鹤叔教你学药理

碘伏治疗花斑糠疹的机理:

碘伏具有杀灭细菌繁殖体、真菌、原虫和部分病毒的广谱杀菌作用。在日常生活及医疗中,作为一种低毒消毒剂被广泛使用。因为具有一定的杀灭真菌的作用,用于外擦时可以治疗花斑糠疹。

酮康唑治疗花斑糠疹的机理:

酮康唑通过抑制真菌细胞膜麦角固醇的生物合成,影响真菌细胞膜的通透性,达到抑制真菌生长的目的。

联苯苄唑治疗花斑糠疹的机理:

联苯苄唑为咪唑类抗真菌药,具有广谱抗真菌作用,可有效抑制皮肤癣菌、酵母菌、霉菌及其他如马拉色菌的生长。

手足皲裂

手足皲裂是什么？

手足皲裂是冬季较为常见的一种皮肤病，除老年人外，手足皲裂还易发生于室外工作者和以水浸泡手足作业者。好发于手指屈侧、手掌、足跟、足跖外侧等角质层较厚或经常摩擦的部位，尤以拇指、食指多见。本病既可以是一种独立的疾病，也可以是手足癣、湿疹等多种皮肤病的伴随症状。手掌和脚底由于没有毛囊和皮脂腺，在冬季温度低、湿度小时，缺乏皮脂的保护便容易发生开裂。轻者手足部皮肤干燥；严重者裂纹加深，裂口处常伴有出血、疼痛，影响日常生活和工作。手足皲裂多发生于寒冷季节，天气转暖逐渐痊愈，来年冬天复发。

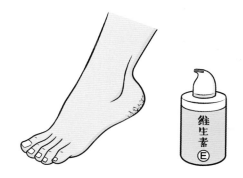

如何治疗手足皲裂?

☞ 常规治疗

（1）手足皲裂比较轻的患者：先用热水浸泡手足，再外用甘油、维生素 E 乳、鱼肝油软膏等润肤剂。经过热水浸泡后润肤剂的吸收会更好。

（2）手足皲裂但角质层厚者：先用热水浸泡手足，再用刀片削薄过厚的角质层，然后涂抹上甘油、维生素 E 乳、鱼肝油软膏等润肤剂。皲裂处再用橡皮膏或醋酸曲安奈德、硫酸新霉素等贴敷。

♥ 鹤叔疗法

手脚皲裂的人，平时要避免烫、磨、刮等刺激皮肤的行为，可以抹尿素霜使皮肤软化，厚皮会一点点脱落，不要人为撕剪。

▶ 生活指导

（1）尽量不要接触碱性肥皂及洗衣粉，洗碗、洗衣服时最好戴上橡胶手套。

（2）冬季每天坚持用手掌按摩容易发生皲裂的手足，以促进血液循环。

（3）洗手次数不宜太过频繁，每次洗手后及时涂上护手霜，临睡前涂得厚一些。

（4）洗脚时不要用太烫的水。

（5）老年人应注意手足部位的保暖，戴手套，穿厚袜。

（6）应多进食高热量和富含维生素 A 的食物，如胡萝卜。

（7）如果伴有其他慢性手足皮肤病，应及时就医。

🔲 鹤叔教你学药理

尿素霜治疗手足皲裂的机理：

尿素可使角蛋白溶解变性，增强角质层的水合作用，从而使皮肤柔软不易皲裂。此外，尿素还具有抑制金黄色葡萄球菌、白色念珠菌等作用。含有尿素的保湿剂能够软化皮肤角质层，保持皮肤滋润，很适合皮肤粗糙或者皮肤皲裂的人使用，而且几乎没有不良反应。

痱子

痱子是什么?

痱子为夏季或炎热环境下发生的一种因汗泄不畅引起的表浅性、炎症性皮肤病。常见于婴幼儿,尤其是肥胖的小儿。本病好发于颈、胸、背、肘窝和小儿头面部等处,为密集的针头大小的白色、红色丘疹或丘疱疹、脓疱,可伴随有瘙痒、刺痛和烧灼感。孩子起痱子时,常感到刺痒,便会又哭又闹,这样会诱发更多、更密的痱子,如不及时治疗,痱子可破溃融合而继发感染。

痱子的分类

根据损伤的程度分为四种类型:白痱、红痱、脓痱、深痱。

白痱:又称"晶型粟粒疹",往往好发于躯干和间擦部位。一般是由某种原因导致宝宝突然大出汗所引起。导致宝宝突然大出汗的常见原因有：穿戴过多、强烈日光暴晒或服用退热药。白痱常见的临床表现是：密集、浅表、透明小水疱，大小如针尖，颜色发白，周围无红晕。白痱易破，一般不痛不痒，能在 1 ~ 2 天内被吸收，并留有细小的白色糠状鳞屑，不需特殊处理。

红痱：又称"红色粟粒疹"，此型最为多见，好发于额、颈、躯干及皮肤皱褶处等。临床表现为皮肤表面密集排列的针尖大小丘疹、丘疱疹，常突然出现并迅速增多，有的融合成片，周围绕以红晕，皮损消退后有轻度脱屑。常伴有灼热和刺痒感，汗液浸湿后有刺痛感。此时，孩子会烦躁不安，睡眠时惊哭，手乱抓、乱挠。

脓痱：又称"脓疱型粟粒疹"，多由红痱发展而来，红色丘疹顶端出现黄色脓头，即脓痱。常发生于皱褶部位，如四肢屈侧和会阴部，小儿头颈部也常见。皮损为密集的丘疹且丘疹顶端有针尖大小脓疱。如处理不及时，脓痱破溃后可继发感染，形成皮肤疖肿，并伴有发热、局部疼痛等症状。

深痱：又称"深部粟粒疹"，见于严重且反复发作的红痱患者。皮损为与汗孔一致的密集丘疱疹，出汗时皮损增大，不出汗时皮损不明显。一般无瘙痒，皮损泛发时可造成热衰竭，出现发热、头晕头痛等全身症状。

如何治疗痱子?

☞ 常规治疗

治疗痱子以清凉、收敛、止痒为原则，以外用药物治疗为主，一般不主张用口服药物治疗。

（1）外用药物治疗：可外用炉甘石洗剂和痱子粉（水），痱子粉（水）对皮肤略有刺激，抹后可有暂时疼痛。为防止过敏，不宜随便使用或频繁更换。脓痱可外用 2% 鱼石脂炉甘石洗剂、黄连扑粉。

（2）系统药物治疗：对于痱子瘙痒明显的患者可以口服抗组胺药减轻瘙痒，避免反复搔抓导致痱子严重，脓痱感染严重时可口服抗生素，同时服用清热、解毒、利湿的中药等。

♥ 鹤叔疗法

（1）白痱：用标准黄连素水，一天抹 5 次或湿敷 3 次，每次 15 ～ 20 分钟；也可以用十滴水给孩子洗澡，一般 5 升的洗澡水配上半瓶十滴水（2.5 毫升）即可，2 ～ 3 天可消退。

（2）红痱：用 2500 毫升标准黄连素水加 5 毫升乐肤液，一天 3 次湿敷，2 ～ 3 天消退。

（3）脓痱：如果发生了脓痱，除注意保持孩子皮肤清洁外，还应给予抗感染治疗。2500 毫升标准黄连素水加 5 毫升碘伏（症状严重时加 10 毫升）和 5 毫升乐肤液，一天 3 次湿敷，4 ～ 5 天消退。需要特别注意的是，疖肿不宜挤压，尤其是长在头面部的。头面部的血管比较丰富，部分血管与颅内相通，挤压疖肿易造成颅内感染。疖肿严重的患者局部可用硫磺鱼石脂软膏外敷。

（4）深痱：用脓痱的方法也可以治深痱，碘伏、乐肤液比例可酌情增加。

▶ **生活指导**

预防宝宝生痱子，家长们需要注意宝宝的饮食、衣着、生活环境、洗浴等各方面。

（1）注意饮食卫生，给孩子吃些清淡且易消化的食物。饮食中还应补充适量盐分，适当喝些绿豆汤等以防暑降温。

（2）孩子衣着应宽松透气，要经常更换潮湿的衣服，保持清洁干燥。如果宝宝头颈部生痱子了，就赶快把宝宝的头发剪短，或改变一下发型，把头发往后梳，不要遮盖前额。

（3）天气炎热时，应适当控制孩子户外活动时间和活动量，室内应通风散热，保持环境凉爽。

（4）注意保持宝宝皮肤清洁，每日可洗 2 ~ 3 次温水澡，注意不要使用香皂、浴液等。

🧪 鹤叔教你学药理

黄连素水治疗痱子的机理：

黄连素是从黄连中提取的天然的异喹啉类生物碱。黄连素具有清热燥湿、泻火解毒等功效，已作为传统的抗炎、抑菌药物在临床应用多年。近年来的研究发现，黄连素水外用治疗痱子可以取得满意的效果。

十滴水治疗痱子的机理：

十滴水有通畅汗腺，使汗液能顺利排出的作用，而且使用方便，是一种好的治疗方法。

碘伏治疗痱子的机理：

碘伏是广谱的杀菌消毒剂，碘可以杀灭细菌、真菌、病毒等，治疗痱子的效果极佳。

毛周角化病

毛周角化病是什么？

毛周角化病又称"毛发苔藓""鸡皮肤"，是一种毛囊漏斗部异常角化性皮肤病。皮损典型表现为针尖至粟粒大小的毛囊性丘疹，肤色、不融合，顶端可见淡褐色的角质栓，内含卷曲毛发，剥去角栓后遗留漏斗状小凹陷。通常无自觉症状，有时有轻度瘙痒。病因和发病机制不明，可能与常染色体显性遗传、维生素 A 缺乏、代谢障碍等相关。该病好发于上臂及大腿内侧，也可见于臀部、肩胛、面部等处，部分患者可累及腹部，甚至更广泛，不影响身体健康，但严重影响美观。皮损冬重夏轻，一般不会完全缓解。毛周角化病在儿童中的患病率估计为 2%~12%，病情至青春期达高峰，以后可随年龄增长逐渐消退。

如何治疗毛周角化病？

☞ 常规治疗

（1）毛周角化病的普通治疗以软化或溶解角质为主，如局部外用 0.05% ~ 0.1% 维 A 酸软膏、3% ~ 5% 水杨酸软膏、10% ~ 20% 尿素霜或 12% 乳酸铵洗剂等，或者使用果酸换肤叠加他扎罗汀。需注意的是，不同部位要使用不同浓度的他扎罗汀及果酸。

（2）对于毛周角化症病情严重者，可采取口服维生素 A、维生素 E 或维 A 酸类药物治疗。

♥ 鹤叔疗法

（1）把表面的硬尖抠掉，里面盘着一根小毛发，不需要特殊治疗，抹尿素霜可以使角质层软化变薄，明显减轻症状，但这种病是基因病，去不了根。

（2）天气变热时，如果患处开始发红、变痒，可以用艾洛松和尿素霜 1 ：1 混合涂抹。使用艾洛松的时间不要超过 2 周。

▶ 生活指导

（1）对于"鸡皮肤"不要用手抠：在鸡皮肤颗粒里有一个角质栓，往往把角质抠掉后，颗粒顶端就只剩一个微小的凹窝。但是鸡皮肤由于角质本身在不断生长，往往在抠过几天后，又会重新长出来。频繁地抠会导致皮肤组织周围出现水肿，进而导致毛孔开口变小，更容易堵塞。

（2）对于鸡皮肤来说，相比去角质，滋润更重要。鸡皮肤主要缘于皮肤缺水又缺油，日常护肤要避免暴力清洁皮肤，防止造成更严重的缺水，同时使用滋润皮肤的润肤露。

鹤叔教你学药理

尿素霜治疗毛周角化病的机理：

可能是通过调节皮肤中水通道蛋白3的水平来实现的，皮肤水通道蛋白3在皮肤保湿中起重要作用，能溶解角蛋白，增加角质层的水合作用。

艾洛松治疗毛周角化病的机理：

如果皮损变红，形成毛囊炎，可适当使用艾洛松。激素类药物可以和细胞质中的激素受体结合，进入细胞核，影响炎症因子的生成，从而减轻皮肤的炎症反应。

荨麻疹

荨麻疹是什么？

荨麻疹是由于皮肤、黏膜小血管扩张及渗透性增加出现的一种局限性水肿反应。主要表现为大小不等的风团，发作形式多样，形态不一，多伴有剧烈瘙痒。病情严重的急性荨麻疹还会伴有腹痛、腹泻、胸闷及喉梗阻等全身症状。慢性荨麻疹是指风团每天发作或间歇发作，持续时间大于 6 周。研究报道称，15% ~ 23%的成年人一生中至少发生过一次急性荨麻疹，儿童急性荨麻疹的患病率为 1% ~ 14.5%；成人慢性荨麻疹患病率约为 0.5%，儿童罕见。荨麻疹的病因很复杂，通常分为外部因素和内部因素。外部因素多为一过性，如物理因素（摩擦、压力、冷、热）、食物（杧果、鱼、虾，以及酒、饮料等）、药物（血清制剂、各种疫苗、阿司匹林等）等。内部因素多为持续性，包括慢性隐匿性感染（细菌、真菌、病毒、寄生虫等）、维生素 D 缺乏或精神紧张。通常急性荨麻疹常可找到原因，而慢性荨麻疹的病因多难以明确。

荨麻疹的分类

荨麻疹可分为自发性和诱导性。前者根据病程是否大于 6 周，分为急性与慢性；后者根据发病是否与物理因素有关，分为物理性和非物理性荨麻疹。

急性荨麻疹：起病较急，患者突然感觉皮肤瘙痒，很快出现大小不等的红色风团，可孤立或融合成片，皮肤表面呈橘皮样凹凸不平，有时风团可呈苍白色。风团一般在 24 小时内变为红斑并逐渐消退，不留痕迹，但新风团可此起彼伏，反复发作。

慢性荨麻疹：病程超过 6 周，病因常不确定，临床表现为不定时地在躯干、面部或四肢发生风团和斑块，发作情况从每日数次到数日一次不等。

物理性荨麻疹又可分为以下四类。

①皮肤划痕症：亦称"人工荨麻疹"，医生诊断时用工具或指甲在皮肤上划几道，过 3 分钟、5 分钟、10 分钟后观察变化，如出现红色的隆起，那么就呈划痕阳性。严重的患者，红道两边还会出现像蜈蚣脚一样的尾足。

②寒冷性荨麻疹：冷的时候发作，冬天不必说，夏天下雨、

进空调间等所有变冷的环境下发出来的，都有可能是寒冷性荨麻疹。

③日光性荨麻疹：日光照射数分钟后在暴露部位出现红斑和风团，1～2小时可自行消退。严重者在身体非暴露部位亦可出现风团，自觉瘙痒和刺痛。

④压力性荨麻疹：站立、穿紧身衣及长期坐在硬物上可诱发本病，常见于承重和持久压迫部位，如臀部、足底及系腰带处。表现为压力刺激作用后4～6小时产生瘙痒或疼痛性水肿性斑块，持续8～12小时，部分患者可伴有畏寒等全身症状。

非物理性荨麻疹，又称"特殊类型荨麻疹"，可分为以下两种。

①胆碱能性荨麻疹：多见于年轻患者，主要由运动、受热、情绪紧张、进食热饮引起的圆形丘疹性风团，风团周围有程度不一的红晕，常散发于躯干上部和肢体近心端，互不融合。

②接触性荨麻疹：皮肤直接接触变应原后出现风团，可由食物防腐剂、添加剂和洗涤剂等化学物质引起。

如何治疗荨麻疹?

☞　常规治疗

该病具有自限性，治疗的目的是控制症状，提高患者的生活质量。

病因治疗：消除诱因或可疑病因有利于荨麻疹消退。首先避免相应刺激或诱发因素可改善临床症状，甚至自愈。对于疑为食物引起的荨麻疹，要鼓励患者记"食物日记"，寻找可能的食物过敏原并加以避免；对于由药物引起的荨麻疹要停用该药物。

控制症状：药物治疗应遵循安全、有效和规律使用的原则，旨在完全控制荨麻疹症状。

（1）急性荨麻疹：去除病因，治疗上首选第二代抗组胺药，常用包括西替利嗪、左西替利嗪、氯雷他定等。在明确并去除病因及口服抗组胺药不能有效控制症状时，可选择糖皮质激素；儿童患者使用糖皮质激素时可根据体重酌情减量。

（2）慢性荨麻疹：首选第二代抗组胺药。治疗有效后逐渐减少剂量，以达到有效控制风团发作为标准，而后以最小的剂量维持治疗。

（3）物理性荨麻疹和特殊类型荨麻疹：在使用抗组胺药的基础上，根据不同类型的荨麻疹可联合使用不同的药物。如：皮肤划痕症可用酮替芬；寒冷性荨麻疹可使用酮替芬、赛庚啶、多塞平等；胆碱能性荨麻疹可用西替利嗪、酮替芬、阿托品、溴丙胺太林（普鲁本辛）；日光性荨麻疹可用羟氯喹；压力性荨麻疹可用羟嗪。

（4）其他治疗：因感染引起者可适当选用抗生素，免疫抑制剂（如环孢素A、硫唑嘌呤等）多用于治疗自身免疫性荨麻疹。

（5）外用药物的治疗：分季节对应不同的产品的选择，天气较热的情况下可选用止痒液、炉甘石洗剂等。天气较冷的时候则选用有止痒作用的乳剂（如苯海拉明霜）。对于日光性荨麻疹还可局部使用遮光剂。

♥　鹤叔疗法

（1）划痕性荨麻疹病例：一例患儿就诊时为划痕性荨麻疹，医生仔细询问发病时间，家长回想孩子发病时间和小公园铺新塑胶跑道时间吻合，医生分析孩子在小公园新装的跑道玩耍后，由于吸入挥发性物质或皮肤接触了某些物质而产生了划痕过敏反应。解决方法：一是不要去这些地方，等挥发物质散尽后再去；二是回来后洗澡，特别是暴露在外的皮肤更要注意清洗。

（2）荨麻疹一半以上和饮食有关：发病的时间都在晚上，但是晚上不容易接触花粉，也不容易接触尘螨，为什么会在这时候过敏呢？原因可能和吃有关。所以晚上尽量少吃，而且不要碰大鱼大肉，这样坚持3天，一般就康复了。分析其根本原因是脾胃功能弱，晚上多吃不消化，这时可以吃点抗组胺药，外用炉甘石洗剂。

（3）如果感觉心慌、胸闷、喘不上气，赶快去医院！这是荨麻疹引起的喉头水肿，声带和心脏也会出现水肿，这是发生了严重的急性荨麻疹，一定要去医院就诊！

▶ **生活指导**

（1）荨麻疹的发病与饮食有一定的关系，某些食物可能是诱因，例如，鱼、虾等海鲜，人工色素，防腐剂，腌腊食品等。同时摄入过于酸辣等有刺激性的食物，会降低胃肠道的消化功能，使食物残渣在肠道内滞留的时间过长，因而产生蛋白胨和多肽，提高人体过敏的概率。

（2）荨麻疹患者应注意卫生，尽量避免不良刺激。家中尽量不养猫、狗之类的宠物，保持室内外的清洁卫生，避免养花所导致的花粉与花尘等。

（3）喝酒、受热、情绪激动、用力等会加重皮肤血管扩张，诱发或加重荨麻疹。应对外界压力变化时，应保持平常心。

（4）患寒冷性荨麻疹的人不要去海水浴场，不能洗冷水浴，冬季要注意保暖。患胆碱能性荨麻疹的人则应保持身体凉爽，避免出汗。

鹤叔教你学药理

抗组胺药治疗荨麻疹的机理：

抗组胺药是指能通过与组胺竞争性结合组胺受体，从而拮抗组胺作用的一类药物。根据结合受体不同分为 H1R 拮抗剂、H2R 拮抗剂和 H3R 拮抗剂。临床上常用 H1R 拮抗剂，如赛庚啶、苯海拉明、异丙嗪。现在已经有二代的抗组胺药，如西替利嗪、左西替利嗪、氯雷他定。抗组胺药被广泛用于治疗过敏性鼻炎、荨麻疹等过敏反应性疾病，疗效肯定。

儿童银屑病

儿童银屑病是什么?

银屑病是一种多因素诱发、免疫介导的慢性炎症性皮肤病,典型表现为四肢伸侧鳞屑性红斑或斑块,易反复发作,冬重夏轻。银屑病无传染性,但治疗困难,常迁延不愈。中国约有650万银屑病患者,其中30%的成人银屑病患者发病在16岁之前,近年来儿童银屑病的发病率呈上升趋势。银屑病病因尚未完全明了,目前认为与遗传、环境、免疫等多种因素有关。银屑病是多基因遗传病,我国的一项调查显示34.4%的患者有家族史。与成人银屑病不同的是,儿童银屑病更易受上呼吸道感染、情绪应激、创伤、药物等因素激发及发展。儿童银屑病的临床表现一般轻微,皮损相对较薄,鳞屑少,常有瘙痒。

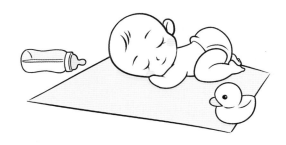

儿童银屑病的分类

银屑病可分为寻常型、脓疱型、红皮病型及关节病型银屑病。寻常型银屑病又分为斑块状银屑病和点滴状银屑病。有研究发现，银屑病患者中，约一半为斑块状银屑病，然后是点滴状银屑病，脓疱型、红皮病型、关节病型银屑病相对较少见。

寻常型银屑病：有以下两种——

①斑块状银屑病：表现为境界清楚的红色斑块，大小不等，数量不一，严重者甚至覆盖全身。皮疹通常好发于四肢伸侧面，轻刮表面鳞屑，可见淡红发亮的半透明薄膜，再继续刮除薄膜，可见出血点。

②点滴状银屑病：发疹前 2 ~ 3 周多有上呼吸道感染病史，皮疹呈向心性分布，多位于躯干和四肢近端，表现为 1 ~ 10 毫

米大小、境界清楚的红色丘疹、斑丘疹，覆以少许鳞屑。

脓疱型银屑病：表现为红斑基础上多发无菌性脓疱，分布密集广泛，也可融合形成大片脓湖，同时伴有发热、肌痛等症状。

红皮病型银屑病：全身弥漫性潮红、浸润肿胀并伴有大量糠状鳞屑，红斑覆盖整个体表的 90% 以上，常伴有发热、畏寒等全身症状。

关节病型银屑病：有银屑病皮疹并伴有关节和周围软组织疼痛、肿胀和运动障碍，约 80% 患者出现指（趾）甲改变，最常见的是顶针样凹陷，指甲剥离，甲下角化过度、横嵴等。

如何治疗儿童银屑病?

☞ 常规治疗

怀疑孩子患有银屑病的家长一定要及时就医，规范诊治。儿童银屑病的治疗以局部治疗为主，局部用药强度要弱，浓度要低。而临床症状严重、病情进展较快，以及局部药物治疗效果不佳的患儿应采用系统治疗。

（1）局部治疗：常选用润肤剂、他克莫司软膏、弱效糖皮质激素、卡泊三醇软膏等。

（2）系统治疗：常用药包括甲氨蝶呤、维A酸类药物、环孢素。对于急性点滴状银屑病，或近期有链球菌感染的患儿，应选用抗生素辅助治疗。

（3）生物制剂：应用于银屑病治疗的生物制剂包括依那西普、英夫利西单抗、阿达木单抗、乌司奴单抗等，但生物制剂在儿童银屑病中应用的长期疗效及安全性有待于进一步研究。

（4）光疗：中波紫外线对多数慢性银屑病有效，但急性点滴状和其他银屑病禁用。

（5）中医中药：中医治疗儿童银屑病应辨证分型，辨证施治。

♥ 鹤叔疗法

（1）凡士林：儿童皮肤结构及功能尚未完善，更易受到外界刺激和损伤，对于寻常型银屑病患儿，建议规律且长期使用凡士林润肤剂（每天用 1~3 次），以恢复皮肤屏障功能。对于皮损局限、症状轻微的患儿，可仅用保湿剂治疗。

（2）卡泊三醇软膏：卡泊三醇软膏用于儿童寻常型银屑病，每天 2 次，维持 8 周时间，银屑病皮损可以得到显著改善，但在延长治疗时间时要注意观察维生素 D 水平。对于 6 岁以上儿童最大剂量不超过每周 50 克，12 岁以上儿童最大剂量不超过每周 75 克。

▶ **生活指导**

（1）避免可能的诱发及加重因素是银屑病治疗的重要环节，应鼓励家长戒烟。

（2）注重患儿生活规律，避免上呼吸道感染。

（3）多晒太阳，紫外线的接触有助于缓解银屑病症状，但不要时间过长或日光强烈照射，以上午 10 ～ 11 点晒太阳最好，每次 15 ～ 30 分钟。

（4）加强患儿心理教育，树立战胜疾病的信心，积极、耐心地治疗疾病。

（5）银屑病患者由于有大量的鳞屑脱落，导致蛋白质丢失较多，除了每天的饮食，还需增加 1 ～ 2 个鸡蛋的摄入，以补充丢失的蛋白质。

（6）在每次抹药前最好用热水、肥皂洗澡，去除鳞屑后再抹药（急性进行期除外），能增强药物疗效。

（7）床单、被褥应保持清洁，及时清扫皮屑，要勤换内衣。

（8）预防尿布银屑病：应勤换尿布，保持婴儿外阴干燥，清洁后扑粉。尿布要用吸水性强的，用肥皂清洗后要用清水洗净，不要用橡皮布或塑料布包扎于尿布外。

鹤叔教你学药理

凡士林治疗儿童银屑病的机理：

凡士林具有增加皮肤角质层水分、修复皮肤屏障功能、缓解瘙痒、减少鳞屑等功能，温和无刺激，可作为儿童银屑病重要的辅助治疗方法。

卡泊三醇软膏治疗儿童银屑病的机理：

卡泊三醇软膏隶属于维生素 D_3 的衍生物，可以抑制皮肤角质形成细胞的增生，同时诱导其分化，从而纠正银屑病皮损的异常增生和分化。临床上外用治疗寻常型银屑病已经有30多年历史，疗效和安全性已经得到证实。

肛裂

肛裂是什么？

肛裂是比较常见的肛肠疾病，以肛门周期性疼痛、便血、便秘为主要临床表现。流行病学调查显示，我国肛裂发病率为 2% 左右，好发于青年人，男女均可患病。周期性疼痛是肛裂最主要的临床表现，排便时，粪便刺激溃疡面产生严重的烧灼样或刀割样的疼痛，便后数分钟疼痛缓解，之后因内括约肌痉挛产生剧痛，持续数分钟或数小时。肛裂便血以排便时滴血或便后纸上擦血为主要症状，血色鲜红。肛裂患者可能同时合并有便秘。同时，因便秘排便后肛裂的疼痛而恐惧排便，粪便干硬后又导致肛裂加重，从而形成恶性循环。长期便血、便秘、肛周剧痛，会严重影响患者身心健康。临床发现小儿肛裂发病率逐渐上升，小儿的肛管发育还没有成熟，加之很多小儿食用配方奶、挑食，从而造成大便秘结引发肛裂。排便时哭闹、出血，或拒绝排便，是小儿肛裂的典型表现。

如何治疗肛裂？

☞ 常规治疗

（1）局部治疗：可以使用利多卡因凝胶、布洛芬乳膏等缓解疼痛；马应龙痔疮膏、复方麝香愈肛膏、九华膏、生长因子制剂等起到促进伤口愈合的作用。硝酸甘油软膏可使肛门内括约肌松弛，改善局部血液循环。

（2）口服药物：可短暂服用缓泻剂来改善便秘症状，但不宜长时间使用。也可采用中医中药辨证分型论治。

（3）手术治疗：药物保守治疗无效的、长期不愈合的慢性肛裂需要手术治疗，常用的有肛裂切除术和肛门内括约肌侧切术。

♥　鹤叔疗法

（1）碘伏：有的肛裂裂口很浅，仅限于表皮，有的裂口较深，甚至到了皮下的真皮层，不管哪种都可以用碘伏，只要保持局部不感染，慢慢就能长好。

（2）高锰酸钾溶液：高锰酸钾温水坐浴，对肛裂有较好疗效，对痔疮等其他肛肠疾病也有作用。具体方法是在 5000 毫升温水中加入 1 毫克高锰酸钾，将肛裂的裂口完全没入水中，每次坐浴 10 分钟，坚持 1～2 周即可。

► 生活指导

（1）保持大便通畅，多喝水或蜂蜜水，多吃富含纤维的蔬菜水果，少食辛辣刺激的食物。

（2）规律排便，不忍耐便意。

（3）排便时不要玩手机或看书，专心排便，尽量 10 分钟内结束排便。

（4）适度体育锻炼也有助于改善便秘。

（5）使用湿纸巾代替卫生纸清洁，保持肛门干燥。

（6）注意肛门卫生，排便后温水坐浴，改善局部血液循环。

（7）平时多做提肛运动。

🗄 鹤叔教你学药理

碘伏治疗肛裂的机理：

碘伏属于广谱灭菌剂，可以灭杀大部分的细菌、真菌以及病毒，且对皮肤的刺激性比较小。碘伏可以消毒肛裂溃疡面，清洁肛周，避免肛裂感染，有助于肛裂的恢复。

高锰酸钾溶液治疗肛裂的机理：

高锰酸钾本身是一种强氧化剂，具有良好的杀菌作用，对于肛裂具有很好的缓解效果，从而促进肛裂创面愈合。

高锰酸钾溶液需要现用现配，否则其杀菌效果会大大减弱。高锰酸钾遇热会分解，水温应该控制在 40℃以下。同时，控制高锰酸钾和水的比例。如果高锰酸钾浓度过高，会刺激肛门和肛门周围皮肤；如果高锰酸钾浓度过低，治疗效果则会减弱。

粟丘疹

粟丘疹是什么?

粟丘疹,又称"白色痤疮",是起源于表皮或附属器上皮的良性肿物或潴留性囊肿。皮损表现为白色或黄白色针头至米粒大小丘疹,顶端尖圆,覆以极薄的表皮,表面光滑,似米粒埋于皮内,数目较多,触之坚实,无自觉症状,如用针挑刺,可有皮脂样物质排出。本病好发于眼睑、面颊、额部、外耳等,成年人也可发生于生殖器部位。皮脂淤积形成的囊肿主要向皮肤表面发展,而眼睛周围的皮肤全身最薄,故粟丘疹在眼周皮肤表面最清晰可见,也最常见。其可发生于任何年龄、性别,也见于新生儿,女性更多见。粟丘疹分为自然发生和外伤后引起两种,外伤后引起的粟丘疹往往发生于擦伤、搔抓部位或面部炎症性皮疹消退以后,也可发生于皮肤磨削术后。

如何治疗粟丘疹？

☞　常规治疗

本病为良性病变，无自觉症状，一般不需要治疗。

♥　鹤叔疗法

（1）如果有美容需要，临床上大多采用"挑"的方法治疗粟丘疹。先用碘伏或 75% 医用酒精常规消毒，再使用一次性注射针头或经过碘伏、酒精浸泡消毒的缝衣针，在丘疹边缘进针，朝正上方挑破表皮。然后用消毒棉球由外向内朝丘疹中心挤压，挤出完整黄白色或乳白色小颗粒则表示操作成功。最后再用碘伏消毒，创面 24 小时内不要碰水。因为只挑出了囊肿的内容物皮脂，而分泌皮脂的囊壁并没有祛除，皮脂经过一段时间的蓄积，又可出现粟丘疹，复发的粟丘疹可以再挑出。

（2）采用二氧化碳激光祛除粟丘疹。对于相对比较平的粟丘疹，一般情况下不会留疤，对于那些比较大的凸起，使用激光祛除之后，可能会留下一些小疤痕。

▶ 生活指导

（1）检查自己的眼霜，如果是绵羊油类的，要停用，因为中国人不适合含脂量高的眼霜。

（2）保持皮肤清洁，尽量不用碱性大的肥皂洗脸。

（3）不要长时间使用浓重眼影等彩妆产品，或者过多使用磨砂膏及去角质产品等，容易造成肌肤干燥脆弱。

鹤叔教你学药理

CO_2 激光治疗粟丘疹的机理：

在皮肤科，CO_2 激光有广泛的应用，一般用来祛除浅表皮肤良性赘生物及肿瘤。皮肤的表皮和真皮组织是由大量的水组成的，水分子与 CO_2 激光高度的亲和力使组织获得有效的气化。当 CO_2 激光作用到皮肤上时，光能迅速转换为热能，靶组织内温度很快达到沸点，使水转化为水蒸气，这一过程发挥了激光的生物学效应，导致激光损伤区的烧焦与炭化。

婴幼儿血管瘤

婴幼儿血管瘤是什么？

婴幼儿血管瘤是婴幼儿常见的良性血管性肿瘤。好发于颜面部，发病率约为4%～5%，多见于早产儿、低出生体重儿，高龄产妇、多胎妊娠者、妊娠期糖尿病患者及先兆子痫者的后代发病率较高，女婴更为多见。通常表现为婴幼儿皮肤上特别是头颈部出现红色、粉红色或紫色的斑块或凸起，有的斑块会逐渐长大，用手按压会褪色或缩小。婴幼儿血管瘤多于出生时或出生后1～6周出现，并在随后的3～6个月增长迅速，6～8个月瘤体开始消退。大多数婴幼儿血管瘤在1岁以内可以自然消退而无须治疗。然而，婴幼儿血管瘤的发展具有不确定性，部分患儿还可出现瘤体出血、溃疡，影响呼吸、视力或美观，甚至危及生命等。即使瘤体完全消退，25%～69%的患儿也会遗留部分并发症，例如，毛细血管扩张、皮肤组织松弛下垂、瘢痕、色素沉着或色素减退，给患儿及其家庭带来沉重的负担。

婴幼儿血管瘤的分类

浅表性血管瘤：位置表浅，呈现鲜红色。

深在性血管瘤：位置较深，呈现蓝色或肤色。

混合性血管瘤：同时存在浅表和深在的血管瘤。

网状性／顿挫性／微增生性血管瘤：主要位于下肢，增殖缓慢或不增殖。

如何治疗婴幼儿血管瘤？

患儿家长不要自行处理，应及时带着患儿去到医院进行诊断及寻求帮助。在医生的指导下，控制瘤体生长，减少并发症，促进瘤体消退。

☞ 常规治疗

（1）婴幼儿血管瘤大部分不高出皮肤表面。对于体积小、无明显增生趋势的婴幼儿血管瘤，由于最终几乎都会自行萎缩消失，所以无须任何治疗，仅需随访观察。

（2）体积较大的、瘤体生长迅速的婴幼儿血管瘤，半数以上不能自然完全消退，会留下永久性不规则的萎缩性瘢痕，这类患儿则应尽快治疗，可以口服普萘洛尔或脉冲染料激光处理。

♥　鹤叔疗法

（1）如果瘤体较小、位置较表浅、表面光滑发亮，并与小孩同比例增长的，可以不用管它，等到了青春期再处理，或者外用 0.5% 马来酸噻吗洛尔滴眼液湿敷。用药方法为：剪取适度大小的纱布，将马来酸噻吗洛尔滴眼液滴在纱布上，浸湿纱布，湿敷瘤体，每次 30 分钟，每天 4 ～ 5 次，每月到医院复查 1 次，根据复诊情况决定是否继续治疗。

（2）如果瘤体凸起于皮肤表面，有毛囊窝，表面不光滑，且会快速生长，要及时到医院用激光处理。混合型的也要及早到医院治疗。

▶　生活指导

（1）避免压迫及外物刺激，减少衣服摩擦，患儿要经常修剪指甲，防止抓挠导致瘤体破溃、出血。

（2）血管瘤没有破溃时，患儿可以正常洗澡，不过要注意用干毛巾蘸干血管瘤上的水滴，忌来回擦拭。注意患儿及生活环境的卫生清洁，避免滋生细菌，防止造成感染。

（3）若血管瘤破溃出血，应立即用无菌纱布或脱脂棉按压出血部位，按压10分钟左右。出血时间相对较长、出血量较多时，需适当延长压迫时间。止血后用消毒液消毒创面，一般先用生理盐水清洗，再用碘伏消毒。保持创面清洁干燥，创面结痂后等其自然脱落，禁止外力撕脱，防止抓挠。

🧴 鹤叔教你学药理

马来酸噻吗洛尔滴眼液治疗婴幼儿血管瘤的机理：

马来酸噻吗洛尔是一种非选择性 β - 肾上腺能受体阻滞剂，马来酸噻吗洛尔滴眼液主要用于治疗青光眼和高眼压症。研究表明，局部外用马来酸噻吗洛尔具有收缩血管、抑制血管生成、诱导增生性血管内皮细胞凋亡的作用，对于治疗浅表型婴幼儿血管瘤安全有效。

倒刺

倒刺是什么？

倒刺在医学上称为"逆剥"，即逆向的剥脱。这是一种常见的甲周皮肤问题，以指甲周围皮肤倒卷、撕裂、翘起为特征，多呈纵向三角形撕裂，形状像刺，触碰有疼痛，好发于儿童及妇女。倒刺的形成是由于角质层过于干燥而发生分离，多有近期劳动、球类体育活动、洗衣服等诱因。小儿长倒刺多是由于咬指甲或与粗糙物体的摩擦造成的。倒刺处理不当容易导致皮肤感染甚至慢性甲沟炎、脓性指头炎、末节指骨骨髓炎等严重并发症。

如何治疗倒刺?

☞ **常规治疗**

倒刺容易发生在甲周，和甲周皮肤特点密切相关：甲周的皮肤没有汗腺和皮脂腺，相对其他地方的皮肤来说更干燥，更容易出现倒刺。如果长了倒刺，不要用手撕，正确的做法是将手放在温水里面浸泡 5 分钟，让皮肤的角质层软化，然后用锋利且清洁的指甲剪整齐地从倒刺根部剪掉，随后涂抹护手霜。

♥ **鹤叔疗法**

每次洗完手抹上护手霜，用凡士林代替护手霜效果更好。

▶ **生活指导**

（1）注意手部卫生，不要揭下或咬掉倒刺，避免导致皮肤撕裂和感染。同时不要让宝宝接触有尖锐棱角或者过硬的玩具，戒掉咬手指的习惯。在这种情况下，如宝宝长期出现倒刺，建议及时就医检查，确认是不是缺少维生素所致。

（2）一些洗涤剂对于手部伤害很大，应尽量少用。比如，强力去油的洗涤剂会洗去手上的皮脂，失去了皮脂的保护，手部肌肤水分蒸发得很快，容易长倒刺。

（3）对于一些职业性皮肤问题，戴乳胶手套是比较好的选择，这样可以减少洗手的次数。

（4）对于物理摩擦和不可避免的洗手，应当在洗手后立刻涂抹护手霜，以保护角质层。应选择含油脂成分的保湿剂或护手霜。

（5）一旦发生甲沟炎等感染，应及时就医，规范治疗。

鹤叔教你学药理

凡士林治疗倒刺的机理：

凡士林的状态在常温时介于固体及液体之间，涂抹后能在皮肤表面形成一层膜，使水分不易蒸发散失，保持皮肤湿润状态，同时减少感染的可能性。凡士林的化学惰性使得它对任何类型的皮肤都没有刺激作用，也适用于小儿娇嫩的皮肤。

咖啡斑

咖啡斑是什么？

咖啡斑是一种幼年发病的色素性皮肤病，由局部黑素细胞活性亢进所致。临床表现为数毫米至数十厘米大小不同的浅褐色至暗褐色斑片，圆形、卵圆形或形状不规则，边界清楚，表面光滑。一般认为，若有 6 片直径大于 1.5 厘米的咖啡斑，提示可能合并Ⅰ型神经纤维瘤病。不同疾病中出现的咖啡斑可有不同特点，并伴随有其他异常表现。咖啡斑多于婴儿出生时或婴儿期出现，随着年龄增长，斑片增多、面积增大。主要分布于头面、颈部、躯干、四肢等部位，可单发或多发，不会自行消退。当咖啡斑发生在面部时，会影响美观，给人带来沉重的心理负担。

如何治疗咖啡斑？

☞　常规治疗

咖啡斑通常不需要治疗，为了美容可选用激光治疗。

（1）优化脉冲光技术：治疗前常规清洁面部；治疗时，首先在病变局部涂抹冷凝胶，对准皮损在色斑表面进行均匀扫描，尽量避免重叠。治疗终点反应为咖啡斑颜色明显加深或变灰暗，周围皮肤轻度发红。治疗后局部冰敷 30 分钟，外喷表皮生长因子，再涂抗生素眼膏，促进表皮修复，预防感染。每次治疗间隔 3 ～ 5 周，4 次为一个疗程。治疗后 1 ～ 2 天会出现薄痂，一般 5 ～ 10 天痂皮自然脱落。

（2）激光治疗：选择翠绿宝石激光，可以选择性破坏表皮黑素，而不损伤周围组织，达到治疗的目的。

♥　鹤叔疗法

咖啡斑为基因病，本身没有大的危害，只是会随着身体同比例长大。但数量超过 6 个，直径超过 1 厘米时，会增加发生神经纤维瘤病的概率。如果日后长出一串串的纤维瘤，可以去医院切掉。治疗咖啡斑有多种方法，一旦发现咖啡斑，可以采用中西结合的方法治疗，也可以直接采用激光治疗或者一些民间验方来治疗。

▶ 生活指导

（1）咖啡斑的产生和日晒没有关系，一般都属于遗传性皮肤病，所以日晒不会加重咖啡斑。

（2）做完激光治疗后注意防晒，减少色素沉着。

（3）平日可多吃富含维生素C的食物，如柠檬、橙、柑橘等，可以美白肌肤。

🧴 鹤叔教你学药理

激光治疗咖啡斑的机理：

皮肤中的黑色素在激光照射下，吸收激光的瞬间高能量，使色素颗粒气化、碎裂。在其后的炎症反应过程中，碎裂的色素颗粒被巨噬细胞吞噬后溶解，最终达到去除色素的治疗目的。同时，由于激光脉冲时间短于皮肤组织的热弛豫时间，在约百万分之一秒内完成，病灶组织被热解消除的同时，周围健康皮肤组织不会遭到破坏。

黄褐斑

黄褐斑是什么?

黄褐斑又被称为"肝斑""蝴蝶斑",是常见的面部色素沉着斑。本病多发于中青年女性,男性也可患病,多无任何自觉症状。临床表现为对称性色素沉着,轻者为淡黄色或浅褐色片状散布于面颊,以眼部下外侧多见;重者呈深褐色或浅黑色。目前黄褐斑的发病机理还不是很明确,内分泌失调、压力大、体内缺乏微量元素、外用化学药物的刺激,包括一些慢性疾病(肝肾功能不全、妇科病、糖尿病等)等均有可能造成黄褐斑的发生。黄褐斑对人们的工作及生活有很大影响。

如何治疗黄褐斑？

☞ 常规治疗

对于黄褐斑的治疗，最根本的是控制黑色素的生成，治疗多采用外治法。

（1）局部外用药治疗：

①氢醌：又名对苯二酚，治疗效果依赖于其浓度、基质和产品的化学稳定性，常用的浓度是 2% ~ 5%。用药 4 周可见皮肤颜色变浅，6 ~ 10 周取得最佳疗效。

②壬二酸：通过竞争性抑制酪氨酸酶，直接干扰黑素的形成，并对黑素细胞的超微结构造成损伤，因此能成功地治疗黄褐斑。相比其他治疗手段，15% ~ 20% 的壬二酸不良反应小，常见的不良反应主要是瘙痒、轻度的灼热感等，在肌肤适应后基本上可以消退。

③维 A 酸：可以减轻皮肤光老化引起的色素沉着斑，并抑制黑素的生成。使用维 A 酸治疗的患者 50% 会发生刺激性皮炎，但这种不良反应随着皮肤的耐受可逐渐消失。

④其他：如烟酰胺、20% ~ 70% 果酸、维生素 C、超氧化物歧化酶等可供使用。

（2）物理疗法：外用药疗效不满意时，激光治疗可能有助于病情改善。脉冲二氧化碳激光、脉冲染料激光、Q开关红宝石激光能破坏真皮上部的黑色素颗粒，可用于治疗色素沉着性皮肤病，但治疗效果有限。还可以使用液氮、液氧、液氢等，利用机体的创伤修复来达到治疗目的。

（3）最新治疗进展：国内有关于皮肤微生态制剂治疗黄褐斑的报道，微生态制剂的机制在于促进皮肤菌群的生态平衡，从而达到治疗黄褐斑的目的。

♥　鹤叔疗法

想要治疗黄褐斑，前提是了解清楚黑色素的代谢。完整的黑色素代谢有三个阶段：第一阶段是黑色素在黑素细胞内生物合成；第二阶段是黑色素从黑素细胞转移到邻近的角质形成细胞；第三阶段是黑色素颗粒在角质形成细胞内降解，聚集在细胞膜内的多个黑色素颗粒逐渐变成单个分散的颗粒，随角质层脱落而脱落。而产生黄褐斑的原因则对应上面的三个过程，一般分为生产过多、代谢减少两个原因。频繁的光照、干燥、激素、乱用美容方法，以及皮肤代谢问题等造成黑色素合成增多。同时因为黄褐斑或者工作压力，紧张焦虑所带来的黑色素代谢缓慢又造成了黄褐斑的加深。

祛斑首先应保持心情舒畅，将干扰因素去除，同时注意防晒。防晒对于任何皮肤疾病都很重要。用药可以选择 4% 氢醌乳膏和0.05% 维 A 酸乳膏，1 ：1 配合，或者选择 15% 壬二酸凝胶。

▶ 生活指导

（1）避免接触强烈阳光、紫外线。

（2）保持平和愉悦的心态，保持身体健康，注重内在的保养和调理。

（3）生活规律，保持充足的睡眠，增强体质，提高免疫力。

🧴 鹤叔教你学药理

氢醌治疗黄褐斑的原理：

氢醌是脱色剂，主要通过抑制黑色素合成的酪氨酸酶来发挥减少色素沉着的作用，高浓度的氢醌对黑素细胞有毒性作用，随其浓度的不同而对皮肤有不同的刺激作用。

维A酸治疗黄褐斑的原理：

维A酸可以促进角质细胞代谢，减少黑色素的转运而减轻色素沉着，但有一定的刺激反应。

壬二酸治疗黄褐斑的原理：

作为在小麦、黑麦和大麦中发现的天然美白剂，壬二酸在20%浓度下最有效，实验数据表明其抑制黑色素的活性与4%氢醌相当，是一种更安全的选择。

睑黄疣

睑黄疣是什么？

睑黄疣又称"睑黄瘤"，是"黄瘤病"中最常见的一种，与脂质代谢障碍有关。多见于中年妇女，近些年男性亦多见。表现为眼睑部柔软的黄色丘疹或斑块，稍突出皮面，一般两侧对称，多发生在上睑部分，呈圆形、椭圆形或不规则形，并可逐渐融合成片，影响容貌，给病人造成心理和精神上的负担。其发展缓慢，不能自行消退。

如何治疗睑黄疣？

☞ 常规治疗

皮损较少者可用电灼、冷冻或外科手术等方法进行治疗，但是术中易出血，术后易复发及形成疤痕，有碍美容。目前临床上多用激光、高频电、肝素钠治疗。

（1）二氧化碳激光：操作时先对眼睑皮肤进行消毒，对眼睛及周围正常组织用 1% 利多卡因局麻，湿生理盐水纱布保护。将眼睑稍拉开，暴露皮损，开始操作，尤须注意边缘部位。调制参数后将激光手具对准皮损进行逐层扫描式照射，用酒精棉球拭去创面碳化物，直至出现正常组织为止。结束后外涂甲硝唑凝胶或莫匹罗星软膏。

（2）高频电离子：消毒—局部麻醉—纱布保护正常组织，同二氧化碳激光操作前的步骤一样，随后用高频电离子汽化黄疣组织，直至彻底干净。注意：要格外精细，只能汽化疣体，对正常组织不可损伤，否则极易留疤，结束后外涂甲硝唑凝胶或莫匹罗星软膏。

（3）肝素钠皮内注射：患者取坐位或仰卧位，对操作部位常规消毒后，沿皮损边缘用注射器取肝素钠注射液（2ml ：12500U）0.3 ~ 0.5 毫升进行皮内注射。当全部睑黄瘤轻度隆起成橘皮样变时，拔出针头，轻压数分钟，注射部位无出血即可。

注射时应注意不宜过深，同时尽量避开血管。每周注射 1 次，10 次 1 疗程，个别未愈者，可重复治疗。

♥　鹤叔疗法

注意与眼周脂肪粒以及其他眼部组织细胞增生性疾病区分，睑黄疣是由含脂质的组织细胞在皮肤内形成的、表现为眼睑皮肤的淡黄色柔软的扁平疣状隆起，常对称发生于双侧内眦，呈圆形或椭圆形，但不超出眶周，一般为米粒至蚕豆大小，无自觉症状，发展缓慢，不能自行消退。发病者不一定年纪大，睑黄疣也不一定长在眼周，可以用激光祛除。

▶　生活指导

（1）睑黄疣无碍健康，应该关注的是睑黄疣本身为报警信号。患有睑黄疣的患者应该及时到医院检查血脂，预防早期心血管病的发生。

（2）做过激光祛除的患者，术后切勿沾水以防感染，避免阳光照射及辐射可有效减少色素沉着，合并有黄褐斑、雀斑的患者色素沉着的恢复期更长。

（3）术后 7 ～ 14 天自动脱痂，切忌强行抠痂。

（4）在激光治疗后要搭配低脂饮食和降脂药，以防疾病复发。

鹤叔教你学药理

激光治疗睑黄疣的机理：

CO_2激光或高频电离子是在直视下操作的，仪器不接触皮肤，减少感染机会，术后局部反应较轻微，仅有少许肿胀。在激光治疗时，切除的范围和深浅可通过调节激光功率进行控制。与手术相比，其具有精确度高、对组织损伤小的特点，对年老体弱患者同样适用。

鹤叔有妙招

鹤叔家庭皮肤补救

股癣

如果孩子的大腿根部最早是个红点，后来变成红斑，最后再扩大成地图样，边上高、中间低，那基本上就是股癣了。

治疗方法：

（1）勤换内裤，开水烫洗内衣；

（2）脚气和股癣同时治疗；

（3）"坐等还书"，选三种药轮换使用。"坐"（唑）是一大类，所以叫"坐等"，如达克宁、孚琪、克霉唑，化学名里都有个"唑"；"还"（环）是环利软膏，它是合成药类（环吡酮胺）；"书"（舒）是指丙烯胺类的药物，特比萘芬，别管是叫兰美抒还是疗霉舒，后面一定有个舒（抒）字。这几种药每种用两三周，轮换着，可以把一些产生耐药性的真菌都杀死。

鸡皮肤

鸡皮肤不能根治，但是通过用药可以达到临床缓解。青春期时比较严重，可以用的药膏有尿素霜、维 A 酸乳膏。

被蜂蜇了

被黄蜂蜇了以后要及时治疗，可以抹醋，因为黄蜂的毒液是碱性的；被蜜蜂蜇了以后要抹肥皂水，因为蜜蜂的毒液是酸性的。随后将毒刺从皮肤里面挑出来，并可以口服药物进行治疗，比如，抗过敏的扑尔敏、苯海拉明，或者是口服止痛药进行止痛。

水痘

冬天和春天多见。从米粒大小发展到豌豆大小的小水疱，水疱周围有一圈红晕，如果水疱中间出现一个像肚脐似的小窝，基本就可以确诊了。患者发病前一般会出现发热症状，有的不会，发病部位先从头顶、脸上开始，之后向躯干和四肢蔓延。水痘是自限性的，3～4周就好了。针对性的药物可以用板蓝根抗病毒，抹一点紫药水防止感染，痒得厉害可以口服点止痒药。小时候得过水痘的，长大就不容易得带状疱疹，只在身体极为虚弱的情况下可能会发病。

在正常情况下，水痘结痂会在一周左右脱落愈合，预后良好，一般不会留下疤痕，只有两种情况例外：一是出现感染，抹上甲紫溶液，收敛了就不感染了，也可以使用抗生素软膏；二是水痘被抓破，一天3次吃止痒药（如扑尔敏），不痒就不抓了。

强的松片治疗带状疱疹愈后神经痛

第一，为什么强的松片能预防愈后神经痛？因为它就相当于洗衣服时放的柔顺剂，柔顺剂可以使衣服缩水不那么厉害，强的松在让神经鞘恢复时，不会将神经箍得那么紧，神经自然就不会疼了。

第二，激素能不能用？激素是药不是毒药，在医生指导下合理用药就是安全的。

第三，患者同时患有糖尿病或高血压怎么办？一定要在专科医生指导下使用。

第四，每天吃 15 毫克多不多？不多，书上写的是 40 ~ 60 毫克，但是临床发现 15 毫克就够了。

第五，发病超过两周之后这个方法还管不管用？没用了。强的松的吃法是每次 15 毫克，连吃 7 天，还需去医院就诊。

脚汗多

脚汗多与脚气不同，脚汗多不是病，只是脚很容易出汗。有些人的足部汗腺比较丰富发达，特别爱出汗。另外，交感神经兴奋，也容易引起脚出汗严重，不过这往往与遗传因素有关。脚部汗腺相当于身体的一个排水系统，不能把它堵上，别因为小毛病而把整个神经系统给扰乱了。脚汗多者宜穿棉质袜子，穿着布鞋或皮鞋，这样的鞋袜吸水、透气性强，脚汗容易蒸发，也可以在鞋内垫上一层吸水透气的鞋垫。

表皮损伤不能用什么?

十滴水、酒精、碘酒,用了会疼;此外慎用激素药膏。

桃花癣

也叫"白色糠疹",指一到春天很多孩子脸上起的淡白色斑。桃花癣的发生主要跟维生素缺乏和糠秕孢子菌感染有关,补充点复合维生素 B,另外抹硫磺软膏,一周左右就能好。

干性湿疹

一个简单的小病例:2 月 14 日孩子第一次出现了脱衣服时皮肤瘙痒,但那时候没有太明显的红丘疹,之后在 3 月 3 日孩子出现了口周皮炎,3 月 14 日左右孩子身上大量起红丘疹。诊断思路有三条:第一,孩子一脱衣服就痒,所以跟吸入和食用的东西没关系;第二,初步判断是干性湿疹,但家里人没有及时用凡士林等润肤;第三,经过长时间的拖延,已经出现了泛化反应,所以才出这么重的红疙瘩。所以,治疗方法是睡前半小时吃抗组胺药,抹外用药,再大量用凡士林润肤。

蟾皮病

入秋之后，孩子从小腿开始出现干燥、粗糙、瘙痒症状，那是干性湿疹。如果天气变暖，出汗变多之后，孩子臀部、后背、胳膊外侧还粗糙的话，小心是维生素 A 缺乏症，俗称"蟾皮病"。如果还伴有夜盲，要赶快补充维生素 A。

外耳道湿疹

如果掏耳朵引起了耳道湿疹，可以用棉签蘸着乐肤液在耳道里抹一抹，每天 3 次，两三天就能好。如果耳道流脓淌水，则要尽快去医院就诊。

敏感肌该如何防晒？

不建议敏感肌使用防晒霜，因为防晒霜里的成分可能会致敏。也不建议长痘痘的人用防晒霜，因为防晒霜中的颗粒有可能堵塞毛孔。有这两类情况者，出门建议还是以物理防晒为主。

鹤叔疾病小常识

过年时婴幼儿易出现的问题

过年时，婴幼儿容易出现两个问题：一是感冒，原因多是穿衣服不及时；二是长痱子，原因多是脱衣服不及时。如果小孩长了痱子，可用标准黄连素水每天抹 5 次，可有效消除痱子。

怎样提高孩子的免疫力？

让孩子见风见雨见太阳，在自然界多活动，不管是对感染类疾病，还是过敏类疾病，都有预防作用。孩子的抵抗力是在一次次锻炼中增强的，如果缺乏外界细菌的刺激，免疫力得不到锻炼，免疫系统将发育迟缓。所以，在保证安全的情况下，不妨让孩子多去户外玩耍。另外，运动可以强健体质，提升免疫力，尤其是户外运动，接受阳光照射可以促进体内维生素 D 的形成、帮助钙的吸收。此外，充足的睡眠能让体内器官得到休息，以免过度疲惫给细菌可乘之机，家长应培养孩子规律作息，避免熬夜。

风寒感冒

主要症状是怕冷、怕风，"一清二白"。"一清"是流清鼻涕，"二白"是白痰、白舌苔。若孩子出现风寒感冒，可给孩子服用姜糖水、葱白水。具体方法是用鲜生姜（带皮）3~5片、红糖10克煎汤，或葱白（带须）3根、生姜5片煎汤，热服1碗，以出微汗为好。另外，饮用热汤或饮品，如鸡汤、蜂蜜柠檬水等也是不错的选择。

紫外线灯烧伤

暴露于紫外线下引起的皮肤灼伤可表现为红斑、水肿或渗出，自觉疼痛、触痛等。若不慎被紫外线灯烧伤，可先冰敷降温，再抹上京万红。

颈椎问题

颈椎第1、第2椎间隙受到压迫表现为头疼、头晕、失眠、眼睛不舒服；第 3、第 4 椎间隙受到压迫表现为胸闷、脖子疼、枕部麻木、鼻子堵塞、咽喉异物感；颈椎的下段第 5、第 6 或第 6、第 7 椎间隙受到压迫表现为心慌、心律不齐、肩疼、胳膊疼、手指头麻。如果是比较轻的颈椎问题，适当把手机放一放，活动活动，和家人聊聊天、走一走，症状很可能就消失了。症状严重者，需尽快到医院就诊。

勤洗手导致的三个常见病

新冠肺炎防疫期间频繁洗手，会出现三个常见病：第一，手背皲裂，解决方法是每次洗手后抹护手霜；第二，指甲后连长倒刺，倒刺不能撕，可以剪掉，再涂抹上护手霜；第三，手指侧面长有密密麻麻很痒的小水疱，多数情况是汗疱疹，可以抹乐肤液治疗。

冻疮

冻疮常见于冬季，是由于气候寒冷引起的局部皮肤反复长红斑、肿胀性损害，严重者可出现水疱、溃疡，气候转暖后会自愈，但易复发。好发于手指、手背、面部、耳郭、足趾、足缘、足跟等处，常两侧分布。如果生了冻疮，可以到药房配"当归四逆汤"服用，能起到活血、温阳、益气的作用，同时口服西药赛庚啶，可缩短病程。平时要加强锻炼，促进血液循环，提高机体对寒冷的适应能力。

耵聍

耵聍是耵聍腺的淡黄色黏稠的分泌物，俗称"耳屎"，具有保护外耳道皮肤和黏附外物的作用，平时借助咀嚼、张口等运动，多能自行排出。若耵聍逐渐凝聚成团，阻塞于外耳道内，即成"耵聍栓塞"。有一个案例：有个医学生到耳鼻喉科实习，其中一个训练项目就是拿耳镜互相看耳朵里的鼓膜，当他给同学看的时候，发现什么都看不到，于是找来老师，然后发现那位同学两边耳朵里各堵了一段很长的耵聍。原来这位同学从小不掏耳屎，导致耳屎凝聚形成耵聍栓塞。在取出耵聍后，即使别人小声说话，在这位同学听来声音都很大，杯子落地的声音在他听来如同打雷。这种情况其实非常普遍，因为很多人没有掏耳屎的习惯。耵聍栓塞危害很大，不仅会诱发炎症，还会影响听力，尤其对孩子来说，听力受到影响，其语言功能随之受影响，甚至可能影响智力发展。但是我们也不能乱掏耳屎，可定期检查。

青春痘合集

青春痘和粉刺的关系

如果用某款游戏中的段位级别来对青春痘进行排序，那么粉刺是"青铜"，丘疹是"白银"，脓疱是"黄金"，结节是"铂金"，囊肿是"钻石"，瘢痕是"星耀"，聚合性痤疮是"王者"。

青春痘治疗的口诀是："白头黑头十滴水（去粉刺），红头脓头用碘伏（消炎症）。""红头脓头"其实就是毛囊炎，和头顶、前胸、后背、腿的毛囊炎本质是一样的。

十滴水用法：一天至少洗 3 次脸，用 2500 毫升稍烫手的热水加半支十滴水洗脸，再用中性洗面奶揉搓至少 1 分钟，洗净后用干毛巾擦干，抹婴儿润肤露，少化妆或不化妆，不用粉底。

前胸后背、下巴脖子上的痘是最轻微的毛囊细菌感染，抹碘伏即可。为了防止睡后无意识的抓挠，引起细菌种植，睡前可以吃一片扑尔敏止痒。勤换床单、被套、枕巾，用开水烫洗，最好每周 1 次。

顽固粉刺三大原因

用十滴水洗脸去粉刺效果不理想的三大原因：第一，没有忌口，爱吃辣，肠道不停产生毒素，刺激粉刺；第二，洗完脸之后不抹润肤露，表皮增厚，产生粉刺；第三，爱发脾气，雄激素刺激额部，产生粉刺。

青春痘怎么去根？十滴水和碘伏把痘消下去了，可是过段时间又长出新的痤疮，这是为什么？打个比方，十滴水相当于皮搋子，能通马桶；碘伏就好比洁厕灵，能清洗马桶，你用这两样把马桶清理干净利索了，能保证不再堵、不再脏吗？它们只负责把表面的问题解决掉，但是解决不了更深层次的问题，所以鹤叔把脸分为四个区域，讲讲每个区域痤疮的成因。

不管是叫痤疮还是叫青春痘，只要是红疙瘩，会红肿、发热、疼，就是细菌感染，用抗生素或者碘伏直接招呼上去就好！

各区青春痘

额区、鼻区、口周区、颊区的青春痘发病机理不同。鼻区最容易治，一般是由螨虫引起的，用硫磺软膏加碘伏即可消除。

第二个好治的是颊区，大多是由细菌感染导致，手摸、抓痒也会让细菌繁殖，用碘伏消杀，定期烫洗床品可防止细菌繁殖。前胸后背等同于面颊部的发病原理。

第三是口周区的痤疮，一般跟肠道内毒素太多有关，所以在用十滴水和碘伏的同时忌吃辣椒，每天至少排便 1 次。

第四是额区，是由雄性激素水平升高导致，青少年可以通过多运动把雄性激素消耗掉。

青春痘痘痕

青春痘要尽早治疗，越早治疗，越不易留下痘痕。青春痘的痘痕分轻、重两种，重型痤疮留疤的可能性很大，如囊肿型、脓肿型痤疮，所有治疗方法都只能起到淡化作用。而普通型的随着皮肤的新陈代谢，2~3个月痘痕就会慢慢淡化。

长痘究竟能不能吃甜食？

每个人体质不一样，根据研究资料，高热量食物的确会使某些人长青春痘，所以青春痘患者都要了解一个原则——凡是会使青春痘恶化的食物都要暂时忌嘴，最好不要吃它。至于甜食，可以吃，但是要按顿吃，每顿饭后半小时之内把甜食、水果一次性吃足，这样过半小时，胰岛素把血糖降到正常范围之内，就不会有太多油脂从皮肤里冒出来，而且可以保护胰腺细胞。

十滴水的妙用

缩小毛孔

毛孔粗大的问题只有自己知道，因为远看并不明显，只有卸了妆在镜子前近看才会发现一个个的小坑。很多人问鹤叔如何收缩毛孔，那我们先得了解毛孔变得粗大的原因。原因不同解决的方法不同，要根据自己的皮肤类型进行个性化管理，才能有效地收缩毛孔。

（1）干燥老化型毛孔：这类皮肤很干燥，即使夏天上妆也会脱皮，毛孔集中在两颊，有点像风干的橘子皮，毛孔形状狭长。这种毛孔产生的原因是皮肤的胶原蛋白流失快，真皮层被破坏了，没有办法支撑皮肤的形状。针对这种情况，平时要做好保湿工作，还要注意防晒，因为阳光也是让皮肤老化的一大元凶。如果以上方法不能很好地让毛孔变小，就要借助于医美手段了。

（2）油脂型毛孔：T区经常冒油，毛孔呈U形，鼻区有明显的黑头闭口。这种毛孔产生的原因是毛孔周围角质的堆积，并且清理不及时，被油脂撑开，凝固后变成粉刺堆积在毛孔的开口处。这种类型的毛孔应该先清理通畅再补水，后续使用控油产品。

除了上述方法，还有一种——用十滴水洗脸，也可以帮助疏通毛孔、缩小毛孔。十滴水由樟脑、大黄、干姜、桂枝、桉油等配制而成，临床主要用于中暑引起的头晕、恶心、呕吐、腹痛、胃肠不适等症。其实十滴水中的樟脑、干姜等辛辣类物质也可以帮助把毛孔打开，便于后续毛孔内的脏东西排出，从而起到缩小毛孔的作用。

治疗黑头粉刺

黑头粉刺的问题让年轻人非常苦恼，那么它是怎么形成的呢？

黑头粉刺属于开放性粉刺，是毛囊皮脂腺内被角化物和皮脂堵塞，而开口处与外界相通形成的。其表面看起来有或大或小的黑点，这是油脂与空气接触后氧化的结果。

治疗黑头粉刺除了使用维 A 酸、甲硝唑凝胶去黑头闭口，还可以使用十滴水，十滴水里含有大黄，可以有效杀菌、抗炎，减少油脂分泌。使用方法是：用热水稀释十滴水后，清洗长有黑头粉刺的皮肤。平时不要用手去挤、捏、掐等，避免使细菌向深部发展。绝对不能用含激素的外用药，以免病情加重。另外，最好不要滥用化妆品，不要浓妆艳抹，淡妆更自然、更适宜。从中医的角度来说，血热、胃积热、血瘀等都会造成黑头粉刺、痤疮。因此，饮食上要调整，少吃过于油腻、辛辣的食物。

碘伏的妙用

治疗皮肤浅层细菌感染

皮肤浅层细菌感染是由化脓性致病菌侵犯表皮、真皮和皮下组织引起的炎症性疾病。除化脓性细菌外，其他病原微生物如分枝杆菌、真菌等也可引起，临床十分常见，包括毛囊炎、疖肿、蜂窝织炎等。碘伏具有广谱杀菌作用，可杀灭细菌繁殖体、真菌、原虫和部分病毒。如果对碘伏不过敏，可以用碘伏，既经济又实惠。还可以外用抗生素，如甲硝唑凝胶、莫匹罗星软膏、夫西地酸乳膏。传统的外用抗生素，如红霉素软膏、新霉素软膏或氧氟沙星乳膏，因渗透性差、容易产生交叉或多重耐药，不宜选择或不作为首选。如果感染比较深、有发热，必须去医院进行系统性的抗感染治疗。

治疗前胸后背的毛囊炎

毛囊炎是一种常见的皮肤病，很多毛囊炎患者其实并不了解毛囊炎有很多表现形式。毛囊炎的基本损害是毛囊丘疹。毛囊炎最开始的时候是毛囊口的小脓疱，同时伴有一些炎症性的红晕，原生长在毛囊上的毛发会从中穿过。毛囊炎往往在炎症下去，小脓疱结痂脱落后痊愈。毛囊炎好发于前胸、后背、头面部。毛囊炎的病原菌主要是金黄色葡萄球菌，偶为表皮葡萄球菌、链球菌等。

单个毛囊炎可使用 2.5% 碘酊、1% 新霉素软膏、甲硝唑凝胶涂抹患处，每日 2 次。大面积的毛囊炎要及时就医，进行系统性抗感染治疗。

平时要注意个人卫生，在用碘伏杀菌的同时，每周把床单、枕巾、被套、内衣用开水烫洗，防止细菌在你身上再次滋生。注意保持良好的心态，同时也要注意自己的身体调养，合理休息。

治疗头皮屑

头皮屑往往令人十分苦恼，给人一种不清爽的感觉，那么正常人会有头皮屑吗？头皮屑多的原因又有哪些呢？

在正常情况下，头皮处的表皮细胞由于基底层细胞不停地繁殖并向表面推移，最后这些细胞成熟，变成没有生命的角质层而脱落，形成头皮屑。打个比方，把头皮想象成森林，下面长草、长蘑菇，久了土就开始松动了。当头皮感染了病菌，如椭圆形糠秕孢子菌，这种菌不仅嗜食皮脂，还会产生分泌物进一步刺激皮脂的分泌，并加快表皮细胞的成熟和更替速度，产生大块发白或发灰的头皮屑，发根处有时还会被粘成一簇一簇的。

对于病菌感染产生的头屑，使用洗发水加碘伏能不能彻底去除呢？因为是外界的复杂环境导致，可以临床控制，但是不能完全去除。碘伏毕竟是化工用品，建议跟纯中药的洁尔阴换着用。碘离子和洁尔阴有杀菌和收敛的双重作用，所以这个方法行得通。如果在产生头皮屑的同时还伴有瘙痒，这就不是普通的真菌感染，而是湿疹化了，打个比方就是，土里不但长了蘑菇、青草，土下面的灌溉系统还被破坏了。这个时候在碘伏的基础上使用乐肤液，混合一抹，很快就能见效。

治疗脚臭

脚臭可能是穿鞋引起的，比如，常穿胶鞋、尼龙袜等透气性差的鞋、袜。

脚上有损伤：脚上的皮肤受到损伤后，就会影响皮肤的防御功能，使致病真菌更易于侵入和定居，从而引起脚臭。

足部有某些疾病，例如，足趾间的足癣等皮肤病。

对于细菌引起的脚臭，可以每天在泡脚水里加 5 毫升碘伏，把表面的细菌杀死；每 3 天在鞋垫上撒一层甲硝唑粉（把普通甲硝唑片磨成粉即可），能把深层的细菌杀死；还可以使用联苯苄唑溶液杀灭真菌，把鞋和袜子都喷一下，防止交叉感染。

碘伏会色素沉着吗？

首先碘伏属于一种低毒类消毒剂，具有很强的杀菌作用。它没有紫药水和碘酒着色后难以清洗的问题，也没有使用碘酒消毒时引起对于伤口的刺痛感。碘伏的用途非常广泛，我们可以想到的有一般创口的消炎杀菌，家用物品、儿童玩具的消毒，以及新鲜瓜果蔬菜的消毒和保鲜。

碘伏使用的注意事项

（1）碘伏不宜与碱性溶液及还原物质合用。

（2）碘伏不能与红药水同时混擦，以免碘与汞反应生成剧毒的碘化汞。

（3）对碘高度过敏的人应禁止使用。

（4）不能当面膜来敷，也不能喝。

用碘伏会发生红肿过敏的原因

用碘伏过敏一般和个人体质、自身免疫有关系，建议停用，防止再次出现过敏。碘伏过敏会出现皮肤瘙痒、丘疹、皮肤发红、水疱等症状，可以服用扑尔敏、赛庚啶片等抗过敏药物治疗。皮肤痒可以外用丹皮酚软膏、复方氧化锌鱼肝油软膏等治疗，也可以到皮肤科就诊治疗。

黄连素水的妙用

治疗"口罩病"

由于经常戴口罩，口鼻附近的皮肤被密闭得严实，长时间处于潮湿环境中，非常容易引起细菌滋生，这就有可能导致接触性皮炎，闷出痱子，还会引发痘痘、过敏等皮肤问题。

（1）口罩的严密性与因此导致的皮肤问题呈现正相关，口罩越严实，越容易导致皮肤问题。如果不是在医疗一线必须佩戴如 N95 类防护度超高的口罩的人员，直接使用医用外科口罩就足够防范了。

（2）对于一些油性皮肤的人来说，在戴口罩的同时，可以定期使用吸油纸帮皮肤清理油脂。清理掉堆积的油脂后，既可以让面部保持干爽，也有利于保护皮肤屏障。

（3）洗脸时，应避免使用强碱性、清洁力强的洗面奶，可选用一些较为温和的洗面奶。干皮则减少洗面奶的使用次数，避免由此导致的过度清洁。

除了上面所述的口罩病处理方法，还可以用标准黄连素水湿敷治疗早期接触性皮炎、痱子这两种疾病。

治疗戴医用手套造成的皮炎问题

乳胶手套的确给很多人带来了极大的便利，如今它已经被应用到了各行各业，就连普通老百姓都在享受着它带来的便利，但是要谨防皮炎的发生。

临床资料表明，戴乳胶手套会出现瘙痒等症状，大致有三种情况：

（1）刺激性接触性皮炎：在戴乳胶手套所产生的几种皮炎中最为常见，表现为戴过乳胶手套的手部皮肤发红、瘙痒、干燥或皲裂。

原因通常有两种：第一，经常用皮肤消毒液反复洗手，消毒液刺激皮肤屏障，同时未擦干或半干就戴上手套，在不透气的环境下，导致皮肤屏障受损，进一步破坏皮肤屏障；第二，如果本身就是干手套，则有可能是手套内的滑石粉刺激所导致的皮炎症状。

处理办法：首先是预防，在必须用消毒液洗手消毒的情况下，可以适当使用一些含有凡士林成分或者具有皮肤屏障保护功能的修复霜，从而保护皮肤屏障。对于使用干手套的人来说，最好直接使用无滑石粉的手套。其次是一旦出现刺激性接触性皮炎的症状，先用些止痒剂缓解症状。同时可以用标准黄连素水，症状轻的涂抹即可，症状重的要湿敷，修复皮肤屏障，使用简单、安全、有效。

（2）过敏性接触性皮炎：相比刺激性皮炎要少见，特点是在接触6～48小时后出现手部瘙痒的症状。手部皮肤变得干燥或皲裂，有些人还伴有红斑和水疱。全身过敏症状往往很少见。这种皮炎与乳胶过敏无关，而是制造乳胶手套中的某些化学成分所致的一种迟发性变态反应。

处理办法：由于是一种迟发性变态反应，为了防止更严重的过敏反应，但凡有过敏性接触性皮炎发生史的人，少用或不用手套是最稳妥的。一旦已经出现过敏性接触性皮炎，需去医院面诊。一般口服抗组胺药加用外用药擦手部，消退症状。

（3）乳胶过敏反应：对于乳胶本身过敏，发生率极低，但多为速发性变态反应。通常在戴上手套的几分钟至十几分钟内即出现皮肤发红、瘙痒，同时往往可见全身过敏症状，常伴荨麻疹、鼻炎、结膜炎、胸闷、心悸等表现，严重者可出现呼吸困难、心动过速。出现这些皮炎症状，很大可能是由乳胶过敏引起的。

处理办法：一旦发生了乳胶过敏反应，症状明显，立即用抗过敏药进行治疗，同时去医院就诊。脱下手套的同时用生理盐水反复冲洗双手。凡有乳胶过敏反应者，应避免再次接触乳胶手套及其他乳胶制品。

治疗戴护目镜引发的皮肤问题

我们戴着护具的时候，护具里的水汽出不去，而暴露在这样潮湿环境下的皮肤，其表皮最上层的角质层会变厚变脆，摩擦后会出现很多微小的裂口。在这种情况下，不适合用碘伏、含氯消毒液或者酒精来杀菌消毒，因为其中的化学成分会顺着这些小裂口长驱直入，深入表皮，甚至深入真皮，产生一系列的损害。比较好的做法是，用标准黄连素水湿敷来修复角质层，还可以使用皮肤保护剂来保护皮肤屏障不受损伤。

治疗红血丝、表皮损伤

红血丝主要表现为皮肤毛细血管扩张。红血丝的常见形成原因是角质受损，毛细血管失去了角质层的天然保护，长期受到外界环境刺激，导致血管扩张、淤堵、受损，皮肤薄而敏感。过冷、过热、情绪激动时，红血丝现象会加剧。

　　治疗方法是用标准黄连素水一天 3 次湿敷，不要化妆，只用婴儿润肤霜。这个方法的难点在于，要坚持 3 个月不化妆。

　　值得注意的是，有的人是超级敏感肌，用黄连素水会红肿。这是由于表皮受损过于严重，对黄连素水不耐受。这种情况可以先用清水湿敷 1 ~ 2 周，之后再用黄连素水湿敷。3 个月后消红消肿了，就不用再湿敷了，只需要每天保持 3 次用婴儿润肤露抹脸，再坚持 3 个月就可以了。

　　修复红血丝没有捷径，有人问已经见效了能不能化妆，鹤叔答：你想多了——这是两个阶段，每个阶段需要 3 个月，并且是由你的皮肤结构决定的，少一个月都不行。表皮受损型的大红脸，本来皮肤就干，用黄连素水湿敷会干得更严重，所以鹤叔强调一定要大量地抹婴儿润肤霜或凡士林。

开塞露的妙用

治疗嘴唇脱皮

嘴唇表皮干裂起皮，越撕越会拼命生长，最后导致嘴唇又红又肿。嘴唇起皮时有人也爱舔唇，舔唇只能带来短暂的湿润，当唇部水分蒸发时会带走更多的水分，结果会越舔越干，形成恶性循环，严重者甚至会出现嘴唇皮肤粗糙变厚、肿胀，形成"舌舔皮炎"。

嘴唇起皮，首先一定要管住手不撕皮，还得管住舌头不要舔唇，然后抹上开塞露和乐肤液１∶１混合液，过２周左右，嘴唇基本能恢复，之后就可以停止抹混合液，改用润唇膏。

小儿常见疾病集合

小儿湿疹

小儿湿疹，即"特应性皮炎"，是一种慢性、复发性、炎症性皮肤病，多于婴幼儿时期发病，并迁延至青少年时期和成人期。患有湿疹的孩子起初皮肤发红，出现皮疹，继之皮肤粗糙、脱屑，抚摩孩子的皮肤如同触摸砂纸。

医生具备"三只眼"，第一只眼准确看清小孩体内毒素。皮肤不停出皮疹的本质是体内有毒素，这种毒素其实就是一种神经介质，你不知道它的量就不知道用药到什么程度可以把它中和掉，也就不能去根，所以病就会反复发作。第二只眼看清皮疹的深度，深的用药强一些，浅的用药弱一些。第三只眼看清小儿湿疹与孩子生活中的哪些危险因素有关，及时避开。小儿湿疹发病时，应及时就医，只能找医生看。

小儿肛周湿疹

针对小儿肛周湿疹，由于孩子容易躁动，可以在中午或者晚上孩子入睡后，用纯棉的手巾蘸取 2500 毫升标准黄连素水与 10 毫升乐肤液的混合液敷在肛周湿疹的部位，时间约为 30 分钟，不能太久。在早上和晚上蘸取混合液各擦拭一次。95% 以上的孩子治疗 3 ~ 5 天后，肛周湿疹就可以消退了。

生活注意：

（1）肛周湿疹与卫生习惯有关，平时要给孩子一天两次清洗会阴和肛周等私处，防止出现湿疹和脓肿。

（2）避免吃辣，因为辣会刺激肠道，加强肠蠕动，分泌肠液刺激肛周，易引发湿疹。

幼儿急性湿疹

幼儿急性湿疹有很强的规律性：夏初多数跟皮温过高有关，皮温高，出汗多，汗排不出来留在里边就会形成痱子，刺激周围皮肤产生急性湿疹；夏中和紫外线照射有关，孩子皮肤不耐受，出现急性湿疹；夏末跟饮食有关，经过夏天，孩子脾胃功能弱，很多东西没有消化，引起急性湿疹反应；入秋、开春和皮肤干燥有关，因为气候干燥，细胞间缺少黏合性，外界一刺激，形成肉眼看不见的裂口，外来物易进去，从而引起湿疹反应。

幼儿急性湿疹多有自愈性，可以涂炉甘石洗剂，平时注意保持卫生干燥，清淡饮食。

小儿痱子的成因和解决办法

秋冬季节，孩子在运动或出汗的时候，后背出现针扎样的痛痒，皮肤颜色正常，有鸡皮样的小疙瘩，99%是痱子，痱子或痱子引起的湿疹多是在暖气充足的房间里捂出来的。

解决方法：用标准黄连素水试两天，实在不行再去医院。家长之所以质疑家里温度不高孩子竟然会起痱子，实际上是因为家长抱孩子时间太长，人体产生的热量使孩子的皮温上升。所以，预防起痱子，要控制的不是室温、气温，而是孩子的皮温。

脖子"淹了"和"红屁股"

脖子"淹了"医学上称为"间擦疹"，多见于肥胖人群，小儿比较常见。间擦疹一般发生于皮肤褶皱部位，有些小孩子比较胖，脖子部位皱褶皮肤长时间挨在一起不透气，加之摩擦等原因，就会出现红斑、水肿、糜烂甚至渗出等，常常伴有瘙痒，可能还有轻微的疼痛，小儿会哭闹不止。

"红屁股"医学上称为"红臀"，是婴儿常见的皮肤病，发生在尿布覆盖部位，如会阴、阴囊、大腿内侧、臀部等。患处可见片状红斑，与尿布覆盖面积相吻合，边缘清楚，因尿液浸渍，红斑上也可发生小水疱或糜烂、渗液，日久红斑干燥、脱皮，婴儿因潮湿不舒服，易啼哭吵闹。

小儿脖子淹了和红屁股都可以用标准黄连素水湿敷，一天 5 次，严重的可以在 2500 毫升黄连素水中加 10 毫升乐肤液进行湿敷，最多一周就可以消下去。

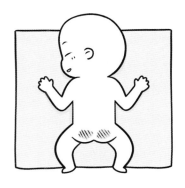

小儿晚上剧咳

有些肺火盛的孩子各项检查指标都正常，就是入夜剧咳，偶尔咳出小硬块，这一般是痰液被烤干了，刺激气管造成的，吃桃金娘油胶囊或桉柠蒎肠溶软胶囊，也可以做雾化，把痰软化排出来，自然就不咳了。

婴儿脂溢性皮炎

婴儿头上长了脂溢性皮炎之后，会产生一层黄色的油痂。这种皮炎发作有三个环节：第一，油脂过度分泌；第二，油脂引起了细菌的大量繁殖；第三，细菌和它的排泄物刺激皮肤引起皮炎。

解决办法：在500毫升水里放上三种常用药，分别针对这三个环节：5片黄连素减少油脂的分泌，10毫升碘伏可以有效杀菌，再放5毫升乐肤液消除皮炎。用这个混合液一天抹5次，4～5天就好了。

有宝妈问：要不要把这层痂洗掉？注意，不要给孩子洗痂，洗痂会刺激患处，加重皮炎。

小孩晒伤

角质层是人体防晒的第一层屏障，具有反射和吸收外在紫外线的作用。相较成年人，孩子的皮肤角质层要薄嫩一些，所以在同等紫外线照射的情况下，进入到孩子皮肤深层的紫外线更多，造成的损伤也更严重。孩子出门在外，暴露于较强烈的太阳光下，由于角质层薄嫩和长时间的暴晒，容易被晒伤。当家长发现孩子的皮肤出现红肿、脱皮等情况后，结合活动时间及天气，就可以判断是否晒伤了。

在小孩晒伤后，家长要在半小时内迅速做三件事：一是用手头一切凉的东西给皮肤降温；二是用标准黄连素水冷湿敷；三是用复方醋酸地塞米松乳膏或艾洛松薄薄抹一层。这样处理后，多半可以缓解晒伤，避免发生更严重的日光疹。

小孩烂嘴角

小孩烂嘴角，医学上称为"口角炎"，往往与孩子舔舐嘴角的习惯和气候干燥等有关。可以用开塞露和乐肤液 1 : 1 混合，一天抹 3 次，一周就好了。开塞露里含有甘油，有非常好的滋润作用，且开塞露是苦的，能防止小孩继续舔嘴角；乐肤液则起到抗炎作用。

小孩盗汗

小孩睡眠中出汗，醒后汗自停的现象称为"盗汗"。如果是前半夜出汗，就像商店关门后店员盘点，累得出汗，这是正常现象。如果是后半夜出汗，就有可能是盗汗，需要去医院看一下。

孩子前胸后背毛囊炎

三招就可解决：一是外用碘伏；二是睡前吃扑尔敏止痒；三是每周把床单、枕巾、被套、内衣用开水烫洗一次，防止细菌种植。

另外，要给孩子多喝水，同时看住孩子的手，避免抓挠。

鹤叔有画说

轻松摆脱 "草莓鼻"

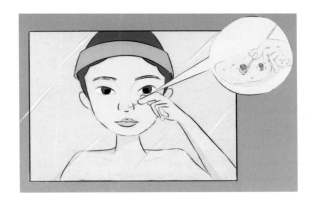

草莓鼻，是由黑头引起的，而去黑头，大家第一时间想到的就是针清的方法。

针清的原理是用清黑头粉刺的针具，用挤压或刮除的方式清理毛孔内的皮脂。在此过程中极有可能伤害皮肤组织，导致色素沉淀。如果伤及真皮层则有可能留下疤痕。

如果针清的器具及过程中消毒不彻底，还会造成二次细菌感染。

那么，该如何去黑头呢？鹤叔教你！

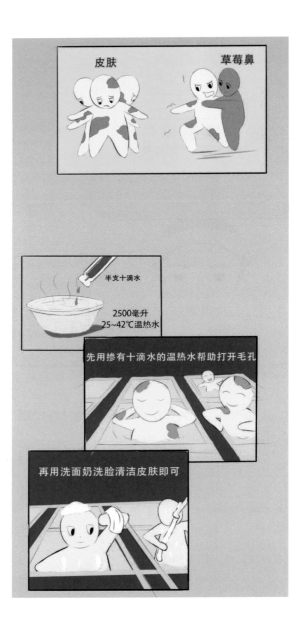

脚气、脚臭巧应对

　　很多人分不清脚气和脚臭，于是直接用治疗脚臭的方法治疗脚气，让人担忧。接下来，鹤叔就来和大家说说脚气和脚臭的区别，以及相应的处理建议。

脚气和脚臭要分清

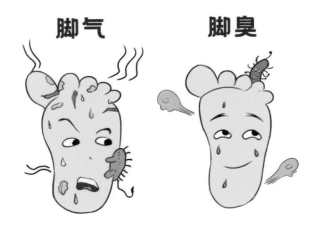

何为脚气？

有脚气的人一般会出现多汗、脚臭、脚痒等症状，严重者趾缝间会出现掉皮、红肿、水疱、裂口、溃烂等。

何为脚臭？

脚臭的根源是脚部皮肤排汗较多，脚汗本身没有气味，因为被细菌分解才产生了气味。当然，如果脚臭不及时治疗可能会发展成脚气。

治疗脚气

"坐等还书"

　　"坐等"是唑类，"还"是环利软膏，"书"是疗霉舒/兰美抒等，三种药换着用，每种只用两周，在产生耐药性之前持续杀掉真菌。

治疗脚臭

　　用碘伏泡脚可以把需氧细菌杀掉，甲硝唑能把厌氧细菌杀掉，细菌没有了，脚臭就被轻松解决了。

美白淡斑很轻松

皮肤白皙如少女，脸上永远不长斑，这大概是所有人保养皮肤的最高境界。但很多时候，理想很丰满，现实很骨感。随着生活节奏快、工作压力大，以及光辐射、紫外线、环境污染等因素，很多人或多或少存在色斑问题，严重的甚至影响了颜值。

脸上长斑到底该如何是好？

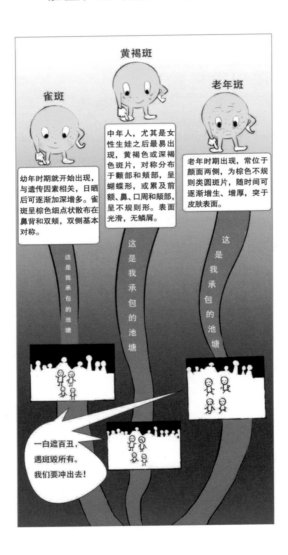

如何解决红屁股现象？

很多宝宝会出现红屁股现象，为了宝宝的健康，我们组织了一场"护臀大会"。

特请到鉴"股"专家

红屁股VS健康屁股

经鉴定，造成宝宝红屁股有三大原因：

· 过度摩擦；

· 闷热不透气；

· 清洁不及时。

了解了原因，接下来就要有针对性地进行"护臀培训"。

护臀培训

1. 勤换尿布，保持婴儿臀部清爽干燥。

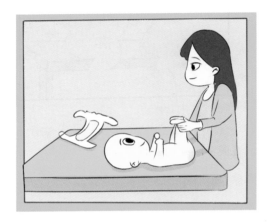

2. 使用护臀膏，给宝宝屁屁一层保障。

3. 护臀膏能舒缓干裂，保持宝宝屁屁滋润。

4. 护臀膏含抗菌消炎成分，可以阻隔细菌。

　　护臀膏对宝宝的屁股有保护作用，里面的成分还能起到舒缓效果，可以用来预防宝宝红屁股的情况。当然，如果情况比较严重，要及时到医院就诊。

烧烫伤如何第一时间自救?

烧烫伤是可预防损伤的，经过预防可以极大降低烧烫伤感染率。对于烧烫伤初期，如果能做到科学处理，可以减轻烧烫伤损害程度。如果处理不正确，不仅不能减轻伤害，反而会带来很多恶劣的后果。那么，发生烧烫伤我们第一时间要怎么做呢？第一要务就是降温。

关于烧烫伤的处理,鹤叔总结了一个"五字诀":冲、脱、泡、盖、送。

冲：迅速以 16～25℃的流水冲受伤部位，以快速降低皮肤表面热度。自来水冲烫伤部位，5~10 分钟。冲的时候，不要把水龙头直接对准烫伤部位，最好冲在伤口

另一侧，让水流到烫伤处，以防自来水冲击力过大，对烫伤处造成二次伤害。

脱：边冲边用轻柔的动作脱掉烧伤者的外衣。如果衣服粘住皮肉，不能强扯，可以先用剪刀剪开再脱掉。

泡：将烫伤处进一步浸泡于冷水中，浸泡 10 分钟左右，可减轻疼痛及稳定情绪。

盖：用清洁干净的毛巾、纱布等浸湿覆盖受伤部位，既可以滋润伤处，又可以防止脏东西进入。

送：情况严重者，需尽快送到具有救治烧伤经验的医院治疗。

白癜风能根治吗？

　　因为免疫系统和精神因素的问题，白癜风已经不是罕见的疾病了，越来越多的人患上了这种恼人的疾病，但是因为每个人的身体状况不同，患上白癜风之后的情况也不太一样。

　　那么，终极拷问来了——

白癜风能根治吗?

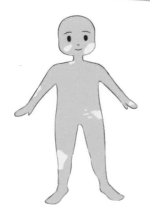

导致白癜风的因素很多,目前很难精准找到原因,就像——

飞扬的尘土落到沙漠里还可以被找到吗?

白癜风各个发病原因均有一定依据，但又都有一定的片面性。

面对白癜风，患者需要摆正心态，因为白癜风是皮肤色素缺失，除了影响美观外并无危害。

参考文献

[1] 中国痤疮治疗指南（2014修订版）[J]. 临床皮肤科杂志，2015（1）.

[2] 中国痤疮治疗指南专家组. 中国痤疮治疗指南（2019修订版）[J]. 临床皮肤科杂志，2019（9）.

[3] 惠清法，张世萍，等. 硫磺软膏与甲硝唑合用治疗寻常痤疮293例[J]. 中国皮肤性病学杂志，2000（3）.

[4] 郭明义，陈雅儒，宋丽珍，等. 福州地区大学生痤疮患者面部好发部位与情绪、体质关联分析[J]. 云南中医学院学报，2017（4）.

[5] 陈红斌，陈钧. 大黄对痤疮主要致病菌的体外抑菌作用研究[J]. 中药药理与临床，2006（3）.

[6] 陈瑞扬. 唇炎的分类与诊断[J]. 中国实用口腔科杂志，2017（9）.

[7] 刘婵柯，袁娟娜，谢婷，等. 范瑞强应用中医药治疗唇炎经验[J].

中华中医药杂志，2019（9）.

[8] 蒋芮理.慢性唇炎的外治方法研究进展 [J].世界最新医学信息文摘，2019（71）.

[9] 秦乔华，张莉丽.清热止痒洗剂联合哈西奈德乳膏治疗小儿湿疹的效果观察 [J].当代护士：专科版，2011（1）.

[10] 陈小凡.复方氟米松与哈西奈德外敷治疗掌跖部慢性湿疹分析 [J].中国继续医学教育，2017（5）.

[11] 佟瑶，令狐庆.肛周湿疹的中医治疗 [J].长春中医药大学学报，2013（1）.

[12] 陈双，赵兴涛，刘悦真.蓝科肤宁联合除湿止痒膏治疗儿童肛周湿疹的疗效观察 [J].世界最新医学信息文摘，2015（5）.

[13] 王淑忠，马颖，李明丽，等.黄连素溶液联合丁酸氢化可的松软膏治疗婴儿急性湿疹 [J].中国药师，2013（11）.

[14] 朱晓平.甲沟炎外用大黄 [J].家庭医药：快乐养生，2019（3）.

[15] 孙晓琦，赵鹏，秦瑞雨，等.垂直半褥式缝合甲沟重建术结合改良嵌甲切除术治疗嵌甲性甲沟炎 [J].浙江中西医结合杂志，2020（1）.

[16] 韩志民.趾侧方切口甲基质切除术与 Winograd 术治疗嵌甲并甲沟炎的效果比较 [J].河南医学研究，2020（10）.

[17] 杨献民，马秋玲，张炜，等.葛根芩连汤在小儿麻疹合并症

中的临床应用 [A]. 全国张仲景学术思想及医方应用研讨会论文集 [C].2001（6）.

[18] 刘志群，罗如平，于四景，等 . 维生素 A 治疗小儿麻疹临床研究 [J]. 中国医学工程，2016（12）.

[19] 鲁侠 . 小儿麻疹的特点及护理 [J]. 中国现代医生，2008（20）.

[20] 向东劲，付晨，张篁 . 小儿麻疹 172 例临床分析 [J]. 中国儿童保健杂志，2010（1）.

[21] 张梅云 . 小儿麻疹 30 例护理体会 [J]. 现代医药卫生，2013（19）.

[22] 刘小乖，李亚绒，雷玲侠 . 小儿麻疹 306 例临床分析 [J]. 陕西医学杂志，2012（5）.

[23] 郭艳 . 个性化全程护理干预对小儿麻疹合并重症肺炎患儿临床疗效观察 [J]. 人人健康，2019（20）.

[24] 田成 . 黄连素内服外洗治毛囊炎 [J]. 农村百事通，2017（22）.

[25] 何荣 . 毛囊炎能不能根治 [J]. 东方药膳，2019（13）.

[26] 李娜 . 带状疱疹中医治疗方法的研究进展 [J]. 医学动物防制，2010（7）.

[27] 王建胜（审校），陈春有 . 针刺治疗带状疱疹临床研究进展 [J]. 陕西中医，2013（8）.

[28] 张开琼 . 带状疱疹用药 [J]. 保健文汇，2020（4）.

[29] 陆冠翔，唐多效 . 强的松治疗老年人带状疱疹后遗症神经痛
46 例疗效观察 [J]. 世界最新医学信息文摘，2017（20）.

[30] 黄东祥 . 阿米替林治疗带状疱疹后顽固性神经痛 [J]. 四川医
学，2011（2）.

[31] 马德惠 . 传染病科普小知识 – 水痘 [J]. 健康必读，2020（5）.

[32] 岑琴 . 和爸妈对话宝宝水痘 [J]. 家庭医学，2019（11）.

[33] 何晓玲 . 小儿水痘的日常预防和护理方法 [J]. 家庭医药·就
医选药，2020（3）.

[34] 吴龙玉，姜胜文，王远琼 . 中西医结合治疗水痘疗效观察 [J].
实用中医药杂志，2019（1）.

[35] 靳珊珊 . 水痘 [J]. 中国实用乡村医生杂志，2018（7）.

[36] 李惠明 . 水痘患儿的饮食宜忌 [J]. 家庭医学，2018（10）.

[37] 马媚媚 . 水痘的家庭护理 [J]. 家庭医学，2018（10）.

[38] 王文娟，赵梓纲 . 寻常疣的治疗进展 [J]. 中国医药导报，
2013（14）.

[39] 张健，茅伟安，茅婧怡，等 . 寻常疣的治疗进展 [J]. 世界临
床药物，2013（6）.

[40] 刘英，龙恒 . 斑蝥素乳膏治疗寻常疣疗效观察 [J]. 世界最新
医学信息文摘，2019（57）.

[41] 沈兰平 . 水杨酸苯酚贴膏治疗寻常疣 30 例疗效观察 [J]. 中国

民间疗法，2011（10）.

[42] 吕荣军，郭红旗，魏岚 . 高锰酸钾粉沫在寻常疣治疗中的应用 [J]. 实用医技杂志，2002（4）.

[43] 程晨，冯小剑 . 中药治疗泛发性传染性软疣 729 例 [J]. 现代中西医结合杂志，2003（5）.

[44] 赵风书，季宗蕴 . 外用中药防治小儿皮肤病 [J]. 现代中西医结合杂志，2001（10）.

[45] 朱小红，倪菁菁 . 传染性软疣 685 例临床分析 [J]. 苏州大学学报：医学版，2002（2）.

[46] 张庆田，梁丽萍，贺迎霞 . 传染性软疣 1291 例临床分析 [J]. 第四军医大学学报，2009（22）.

[47] 王沛，刘萍，张建中 . 人工性皮炎长期误诊为血管炎一例 [J]. 实用皮肤病学杂志，2013（6）.

[48] 陈赛，彭传华 . 0.5% 碘伏外擦配合中药辅助法治疗新生儿脓疱疮的疗效 [J]. 当代医学论丛，2013（7）.

[49] 李姝，邓列华 . 脓疱疮研究新进展 [J]. 国外医学：皮肤性病学分册，2004（7）.

[50] 韩晋，陈善英，徐丽芬 . 黄连素和十滴水治疗小儿痱子疗效对比 [J]. 人民军医，1992（7）.

[51] 冯仲贤 . 黄连素外用治疗痱子 57 例 [J]. 中国民间疗法，

2014（8）.

[52] 段国安，涂红霞.炉甘石洗剂加乐肤液治疗汗疹 45 例疗效观察 [J]. 华中医学杂志，2002（3）.

[53] 邬晓燕，王春芳，张华，等.碘伏与痱子粉治疗痱子疗效的比较 [J]. 中外健康文摘，2012（31）.

[54] 孟昭群.防治暑痱用药浴 [J]. 开卷有益：求医问药，2018(7).

[55] 赵辨.中国临床皮肤病学 [C].江苏科学技术出版社,2010(1).

[56] 高璎璎.宝宝夏天防痱子的简单方法 [J]. 工友，2010（7）.

[57] 朱晓平.甲沟炎外用大黄 [J]. 家庭医药：快乐养生，2019(3).

[58] 程贺云，巨积辉，赵强，等.微创甲基质楔形切除术治疗顽固性足拇趾嵌甲性甲沟炎 [J]. 中国美容整形外科杂志,2019(7).

[59] 丁菲，李红宾.头癣的流行病学研究与治疗现状 [J]. 中国麻风皮肤病杂志，2011（7）.

[60] 张焕珍，侯春玲.儿童头癣 105 例临床分析及护理体会 [J]. 山西医药杂志，2009（10）.

[61] 中国头癣诊疗指南工作组.中国头癣诊断和治疗指南（2018修订版）[J]. 中国真菌学杂志，2019（1）.

[62] 曲国俊,曲幸幸.川楝子治疗头癣 [J]. 中国民间疗法,2018(2).

[63] 陈淑玲，单苏圆.肛裂的病因病机与中医外治法 [J]. 内蒙古中医药，2020（3）.

[64] 俞婷，薛敏敏，陈兴华，等．蜂蜜外涂治疗小儿肛裂的临床疗效探讨 [J]. 中国全科医学，2019（32）.

[65] 吴胜广．中药熏蒸坐浴治疗 I 期肛裂 100 例疗效观察 [J]. 中国肛肠病杂志，2019（9）.

[66] 周伟芳．云南白药糊治疗肛裂 [J]. 中国民间疗法，2019（1）.

[67] 刘万里．白醋泡大蒜赶走灰指甲 [J]. 家庭医药：快乐养生，2013（11）.

[68] 刘丽婷．液态氮冷冻治疗股癣的临床观察及护理 [J]. 全科护理，2015（10）.

[69] 益雯艳，顼志兵，吴永伟，等．复方苦参液中药湿敷对住院老年患者股癣护理的效果观察 [J]. 环球中医药，2015（S2）.

[70] 肖丽萍．老年患者股癣或臀癣的原因分析及护理干预 [J]. 福建医药杂志，2013（2）.

[71] 吴志华，李金娥．复方土槿皮汤治疗股癣的疗效观察及作用机理研究 [J]. 四川中医，2013（1）.

[72] 吕若琦．"鸡皮肤"该如何治疗？[J]. 健康生活，2017（10）.

[73] 高琳，陈奕，高天文，等．毛周角化症的果酸治疗经验分享 [J]. 中国激光医学杂志，2012（5）.

[74] 阙红霞．果酸对毛周角化的临床应用 [J]. 临床医药文献杂志（电子版），2017（48）.

[75] 刘琴，肖桂凤.微晶磨削联合阿达帕林凝胶治疗毛周角化症疗效观察 [J]. 公共卫生与预防医学，2015（4）.

[76] 王红宇，郭惠娟，王文颖.老年性手足皲裂的原因分析及护理体会 [J]. 哈尔滨医药，2003（2）.

[77] 郝飞，钟华.慢性荨麻疹发病机制和治疗策略的思考 [J]. 中华皮肤科杂志，2010（1）.

[78] 杨勤萍，陈连军，徐金华，等.氯雷他定治疗慢性荨麻疹 93 例临床疗效观察 [J]. 临床皮肤科杂志，2004（1）.

[79] 杨海龙.盐酸左西替利嗪分散片治疗慢性荨麻疹的临床研究 [J]. 中国实用医药，2010（35）.

[80] 梁云生，于碧慧，陆前进.中国荨麻疹诊疗指南（2014 版）解读 [J]. 中国医师杂志，2016（2）.

[81] 蒋正强，李美芳.Q 开关 YAG 激光治疗仪治疗色素性皮肤病的疗效观察 [J]. 全科医学临床与教育，2010（3）.

[82] 杨希川，余南岚.祛斑不留疤，还看激光 [J]. 家庭医药，2016（12）.

[83] 中国医师协会皮肤科医师分会皮肤美容亚专业委员会.中国玫瑰痤疮诊疗专家共识（2016）[J]. 中华皮肤科杂志，2017（3）.

[84] 郝飞，宋志强.提高对玫瑰痤疮的认识水平 [J]. 中华皮肤科杂志，2017（3）.

[85] 吴琰瑜，章伟．玫瑰痤疮药物治疗进展 [J]. 国际皮肤性病学杂志，2016（5）.

[86] 孔珍珍．面部扁平疣治疗方法研究进展 [J]. 湖北中医杂志，2011（4）.

[87] 李明鑫，李波．扁平疣的治疗新进展 [J]. 中国现代医生，2017（33）.

[88] 阮加飞．防风通圣丸合碘伏治疗面部扁平疣疗效观察 [J]. 中医临床研究，2012（6）.

[89] 殷松娜，张香香，聂培瑞．三头火针治疗扁平疣验案 [J]. 中华针灸电子杂志，2018（3）.

[90] 罗杰元．疣外洗 I 号联合 CO_2 激光与重组人 α–2b 干扰素治疗扁平疣疗效研究 [J]. 中国美容医学，2019（10）.

[91] 刘彦，仝敏，韩丽清．中药鸦胆子联合重组人干扰素 α2b 凝胶外用治疗扁平疣的疗效观察 [J]. 皮肤性病诊疗学杂志，2019（6）.

[92] 郭旭光．治激素依赖性皮炎验方 [J]. 农村百事通，2013（23）.

[93] 徐爱琴，卢正文．徐宜厚教授治疗面部激素依赖性皮炎经验 [J]. 湖南中医药大学学报，2015（7）.

[94] 张华，王欢，陈恩．两种不同方法治疗粟丘疹疗效观察 [J]. 四川医学，2014（1）.

[95] 冯小燕，李钦峰.儿童银屑病治疗的进展 [J]. 中国中西医结合皮肤性病学杂志，2017（3）.

[96] 王召阳，马琳.儿童银屑病 [J].皮肤性病诊疗学杂志，2015(5).

[97] 敖俊红，杨蓉娅.儿童银屑病 [J].实用皮肤病学杂志，2012(2).

[98] 李廷保，窦志强，潘利忠.何炳元教授辨治儿童银屑病经验 [J]. 中医儿科杂志，2006（2）.

[99] 王珍，陈光，何春涤，等.外用钙泊三醇治疗儿童银屑病疗效分析 [J].中国实用儿科杂志，2005（10）.

[100] 贾为.手术切除法治疗睑黄疣 20 例临床观察 [J].临床合理用药杂志，2012（4）.

[101] 姜媛芳.超脉冲 CO_2 激光治疗 30 例睑黄疣疗效观察 [J].上海第二医科大学学报，2003（B10）.

[102] 黄连珍.餐桌上的降脂食物 [J].家庭健康，2011（12）.

[103] 徐慧珍.手长倒刺莫刻意补维生素 [J].医药与保健，2012(5).

[104] 李尹燊，梁杰.药物治疗婴幼儿血管瘤的研究进展 [J].中国医疗美容，2020（4）.

[105] 杨浩.婴幼儿血管瘤的治疗进展 [J].临床小儿外科杂志，2019（8）.

[106] 黄文停.婴幼儿眼周血管瘤的治疗研究进展 [J].现代医药卫生，2020（12）.

[107] 施可可，许晴，杨娟.婴幼儿血管瘤患者的综合护理干预 [J].
      中国医疗美容，2018（6）.

[108] 李芳芳，张文显，杨伊帆，等.婴幼儿血管瘤破溃的护理进
      展 [J]. 护理实践与研究，2016（15）.

[109] 接丽莉，白瑞雪，李晓冰，等.局部外用噻吗洛尔治疗婴幼
      儿血管瘤的研究现状 [J]. 中国临床药理学杂志，2019（4）.

[110] 杨卷红，张耀峰，刘斌，等.核素 32P 简易敷贴治疗婴幼儿
      体表血管瘤的临床效果[J].临床医学研究与实践,2020(13).

[111] 王辉，林彤.黄褐斑病因及发病机制的研究进展 [J]. 国际皮
      肤性病学杂志，2012（3）.

[112] 中国中西医结合学会皮肤性病专业委员会色素病学组.黄褐
      斑的临床诊断及疗效标准（2003 年修定稿）[J]. 中国中西
      医结合皮肤性病学杂志，2004（1）.

[113] 黄惠真，李伟，胡丽，等.Q 开关 1064nm 激光联合氨甲环
      酸治疗黄褐斑临床观察 [J]. 中国美容医学，2015（11）.

[114] 孙艳，李睿亚.黄褐斑的治疗进展 [J]. 中国医药，2018（1）.

本书所涉医学知识仅供参考，
请在医师指导下用药，
情况严重者需及时就医。

护肤打卡笔记